焦　　距：135mm
光　　圈：F2.8
快门速度：1/250s
感光度：ISO400

U0062200

焦　距：9mm
光　圈：F8
快门速度：6s
感光度：ISO100

焦　　距：22mm
光　　圈：F5.6
快门速度：1/30s
感 光 度：ISO400

焦　　距：23mm
光　　圈：F9
快门速度：1/100s
感 光 度：ISO80

焦　距：22mm
光　圈：F13
快门速度：1/80秒
感 光 度：ISO100

焦　　距：420mm
光　　圈：F5.6
快门速度：1/125s
感 光 度：ISO400

焦　　距：12mm
光　　圈：F4
快门速度：1/160s
感 光 度：ISO100

焦　　距：18mm
光　　圈：F16
快门速度：1/125s
感 光 度：ISO100

Canon EOS 60D
数码单反摄影实拍宝典

FUN视觉 编著

化学工业出版社

北京

本书是为已经掌握了一定摄影基础理论并熟悉了 Canon EOS 60D 相机基本操作,希望通过学习进一步提高自己实拍水平的摄影爱好者量身定制的实用型图书。在内容方面紧紧围绕着"实拍"进行讲解,精选了数位资深摄影师总结出来的 Canon EOS 60D 使用经验和技巧,包括实拍过程中必须掌握的相机设置攻略、正确曝光攻略、影像清晰锐利攻略、照片纯正色彩攻略、准确用光攻略、完美构图攻略,以及时尚美女、儿童、纪实人像、山峦、草原、树木、溪流、瀑布、河流、湖泊、海洋、冰雪、云雾、蓝天、太阳、星空、城市风光、花卉、昆虫、动物等 20 余类热门题材的实拍技巧,以帮助读者快速提高实拍水平并积累实拍经验,最终拍摄出令人满意的摄影作品。

图书在版编目(CIP)数据

Canon EOS 60D 数码单反摄影实拍宝典/FUN 视觉编著.
北京:化学工业出版社,2012.8
ISBN 978-7-122-14739-4

Ⅰ.C… Ⅱ.F… Ⅲ. 数字照相机-单镜头反光照相机-摄影
技术 Ⅳ.①TB86②J41

中国版本图书馆 CIP 数据核字(2012)第 147291 号

责任编辑:王思慧 孙 炜 装帧设计:王晓宇

出版发行:化学工业出版社(北京市东城区青年湖南街 13 号 邮政编码 100011)
印 装:北京方嘉彩色印刷有限责任公司
787mm×1092mm 1/16 印张 13 $\frac{1}{2}$ 字数 337 千字 2012 年 9 月北京第 1 版第 1 次印刷

购书咨询:010-64518888(传真:010-64519686) 售后服务:010-64518899
网 址:http://www.cip.com.cn
凡购买本书,如有缺损质量问题,本社销售中心负责调换。

定 价:59.80 元

前　言

Canon EOS 60D 是一款颇有竞争力的数码单反相机，单纯从参数指标来看，其 1800 万像素 CMOS 传感器、9 点全十字对焦点、支持手动的 1080P 高清视频拍摄功能、5.3 张 / 秒连拍速度、104 万像素翻转屏幕、63 区双层测光系统，不仅大幅度超越了 Canon EOS 50D，甚至与 Canon EOS 7D 相比，除了在对焦和连拍功能上尚有差距外，其他性能基本没什么大的差别。虽然刚上市时价格略显虚高，但时至今日性价比已经比较高了，因此在中关村在线、太平洋电脑网等网站的数码单反相机关注榜上都名列前三。相信每个拥有这款相机的摄友，都希望自己能够拍摄出高水准的照片，因此，提高实拍水平就成为他们关心并亟待解决的学习课题。

实际上，无论拍摄什么题材，要想拍出有一定艺术水准的照片，都要精通用光、测光、对焦、色彩、构图、曝光等摄影关键技术，以及光、影、形、色的综合运用技巧，这些能力的提高只有通过系统学习和大量拍摄实践来达到。

本书正是为已经掌握了一定摄影基础理论并熟悉了 Canon EOS 60D 相机基本操作，希望通过学习进一步提高自己实拍水平的摄影爱好者量身定制的实用型图书。在内容方面紧紧围绕着"实拍"进行讲解，精选了数位资深摄影师总结出来的 Canon EOS 60D 使用经验和技巧，包括实拍过程中必须掌握的相机设置攻略、正确曝光攻略、影像清晰锐利攻略、照片纯正色彩攻略、准确用光攻略、完美构图攻略，以及时尚美女、儿童、纪实人像、山峦、草原、树木、溪流、瀑布、河流、湖泊、海洋、冰雪、云雾、蓝天、太阳、星空、城市风光、花卉、昆虫、动物等 20 余类热门题材的实拍技巧，以帮助读者快速提高实拍水平并积累实拍经验，最终拍摄出令人满意的摄影作品。

本书是集体劳动的结晶，参与本书编著的包括雷剑、吴腾飞、雷波、左福、范玉婵、刘志伟、杜林、李芳兰、王芬、石军伟、李美、邓冰峰、詹曼雪、黄正、孙美娜、刑海杰、刘小松、陈红艳、徐克沛、吴晴、李洪泽、漠然、李亚洲、佟晓旭、江海艳、董文杰、张来勤、刘星龙、边艳蕊、马俊南、姜玉双、李敏、卢金凤、李静、肖辉、寿鹏程、管亮、马牧阳、杨冲、张奇、陈志新、孙雅丽、孟祥印、李倪、潘陈锡、姚天亮、车宇霞、陈秋娣、褚倩楠、王晓明、陈常兰、吴庆军、陈炎、苑丽丽等。

编　者

2012 年 4 月

第01章 Canon EOS 60D
高手实战相机设置攻略

第02章 Canon EOS 60D
高手实战正确曝光攻略

第03章 Canon EOS 60D
高手实战影像清晰锐利攻略

第07章 Canon EOS 60D
高手实战二次构图攻略

第08章 Canon EOS 60D
自然与城市风光摄影高手实战攻略

焦　距：70mm
光　圈：F7.1
快门速度：1/250s
感光度：ISO100

第 01 章

Canon EOS 60D
高手实战相机设置攻略

设置文件存储格式

在 Canon EOS 60D 中，可以设置 JPEG 与 RAW 两种文件存储格式。其中，JPEG 是最常用的图像文件格式，它用压缩的方式去除冗余的图像数据，在获得极高压缩率的同时能展现十分丰富、生动的图像，且兼容性好，广泛应用于网络发布、照片洗印等领域。

RAW 原意是"未经加工"，其是数码相机专有的文件存储格式。RAW 文件能够同时录数码相机传感器的原始信息以及相机拍摄所产生的一些原数据（如相机型号、快门速度、光圈、白平衡等）。准确地说，它并不是某个具体的文件格式，而是一类文件格式的统称。例如，在 Canon EOS 60D 中，RAW 格式文件的扩展名为 *.CR2，这也是目前所有佳能相机统一的 RAW 文件格式。

采用 RAW 格式拍摄的优点

采用 RAW 格式拍摄的优点如下。

● 可在计算机上对照片进行更细致的处理，包括白平衡调节、高光区调节、阴影区调节；清晰度、饱和度控制以及周边光量控制；还可以对照片的噪点进行处理，或重新设置照片的拍摄风格。

● 可以使用最原始的图像数据（直接来自于传感器），而不是经过处理的信息，这毫无疑问将获得更好的画面效果。

● 可以利用 16 位图片文件进行高位编辑，这意味着更多的色调，可以使最后的照片达到更平滑的梯度和色调过渡。在 16 位模式操作时，可使用的数据更多。

如何处理 RAW 格式文件

当前很多软件能够处理 RAW 格式文件，如果希望用佳能原厂提供的软件，可以使用 DigitalPhoto Professional，此软件是佳能公司开发的一款用于照片处理和管理的软件，简写为 DPP，能够处理佳能数码单反相机拍摄的 RAW 格式文件，操作较为简单。

如果希望使用更专业的软件，可以考虑使用 Photoshop，此软件自带 RAW 格式文件处理插件，能够处理各类 RAW 格式文件，而不仅限于佳能、尼康数码相机所拍摄的 RAW 文件，其功能非常强大。

如果感觉这些软件的操作过于麻烦，可以使用 ACDSee，其功能也足够强大。

DPP 软件界面

❶ 在**拍摄菜单** 1 中选择**画质**选项

❷ 转动主拨盘可选择 RAW 格式的画质，按◀或▶方向键可选择 JPEG 格式的画质

设置快门驱动模式

在实际拍摄时，我们可根据要拍摄的题材选择不同的快门驱动模式来控制快门。

了解不同驱动模式的区别

Canon EOS 60D 提供了单拍、连拍及自拍等快门驱动模式。

单拍驱动模式适用于拍摄静止的画面。当拍摄对象处于静止或者相对静止的状态时，使用单拍驱动模式，配合单次自动对焦，就可以拍出完美的画面效果。

连拍驱动模式适用于拍摄运动的对象。使用连拍模式拍摄时，摄影师按下一次快门，相机将连续拍摄多张照片，将拍摄对象的瞬间动作全部抓拍下来，以表现运动对象的连续运动状态，或者从中挑选满意的照片。

Canon EOS 60D 提供了 2 秒自拍和 10 秒自拍两种自拍模式，如果设置的是 10 秒自拍，则快门将在计时开始 10 秒之后被释放并完成拍摄；如果设置的是 2 秒自拍，则快门将在 2 秒后被释放并完成拍摄。自拍模式通常用于拍摄人像，在拍摄风光等题材时，如果没有带三脚架，也可以将相机放在一个稳定的地方，通过自拍驱动模式来避免手持拍摄时相机可能产生的抖动，从而拍摄出清晰的照片。

按下<DRIVE>按钮并旋转主拨盘🖢或者速控拨盘◎，可选择不同的驱动模式

使用连拍驱动模式拍摄活泼跳跃的猫咪

处理连拍速度变慢或快门停止释放的技巧

当将高 ISO 感光度降噪功能设置为"强"时，会大大降低相机的连拍速度。

如果连拍时相机快门停止释放，也可能是高 ISO 感光度降噪功能被设置为"强"造成的，此时应该选择"标准"、"弱"或"禁用"选项。因为启用高 ISO 感光度降噪功能时，相机将花费更多的时间进行降噪处理，因此将数据转存到储存空间的耗时将更长，相机在连拍时更容易被中断。

设置色彩空间

为用于纸媒介的照片选择色彩空间

如果照片用于书籍或杂志印刷，最好选择 Adobe RGB 色彩空间，因为它是 Adobe 专门为印刷开发的，因此允许的色彩范围更大，包含了很多在显示器上无法显示的颜色，如绿色区域中的一些颜色，这些颜色会使印刷品呈现更细腻的色彩过渡效果。

为用于电子媒介的照片选择色彩空间

如果照片用于数码彩扩、屏幕投影展示、电脑显示屏展示等用途，最好选择 sRGB 色彩空间。

❶ 在**拍摄菜单** 2 中选择**色彩空间**选项

❷ 按多功能控制钮上的▲或▼方向键选择需要的选项即可

设置提示音确认合焦

在拍摄比较细小的物体时，是否正确合焦不容易从屏幕上分辨出来，这时可以开启提示音功能，以便在确认相机合焦时迅速按下快门，从而得到清晰的画面。

● 启用：选择该选项，在合焦和自拍时，相机会发出提示音提醒。

● 禁用：选择该选项，在合焦或自拍时，提示音不会响。

❶ 在**拍摄菜单** 1 中选择**提示音**选项

❷ 按多功能控制钮上的▲或▼方向键选择是否在对焦成功时发出提示音

防止无存储卡时操作快门

如果希望在相机未安装存储卡时禁止拍摄操作，可以通过设置"未装存储卡释放快门"菜单来实现。

● 启用：选择此选项，未安装储存卡时仍然可以按下快门，但照片无法被存储。选择此选项的好处是，可以让相机销售商展示相机的拍摄效果，也可以用于日常的拍摄练习，或给孩子当玩具，

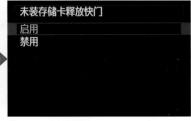

❶ 在**拍摄菜单 1** 中选择**未装存储卡释放快门**选项

❷ 按多功能控制钮上的▲或▼方向键选择是否允许未安装存储卡时释放快门

而不必费时费力地再删除其拍摄的照片。

● 禁用：选择此选项，如果未安装储存卡时按下快门，则会在肩屏及取景器上显示"Card"，并且快门按钮无法被释放。

设置液晶屏的亮度

通常应将液晶屏的明暗调整到与最后的画面效果接近的亮度，以便于查看拍摄结果是否满意，若不满意，可随时修改相机的设置，以得到曝光合适的画面。

在环境光线较暗的地方拍摄时，为了便于查看，还可将液晶屏的显示亮度调得低一些，这样不仅可以保证看清楚照片，还能够节省相机的电力。

高手点拨：液晶屏的亮度可以根据喜好进行设置。为了避免曝光错误，建议不要过分依赖液晶屏的显示，要养成查看柱状图的习惯。如果希望液晶监视器中显示的照片效果与显示器显示的效果接近或相符，可以在相机及电脑上浏览同一张照片，然后按照视觉效果调整相机液晶监视器的亮度——当然，前提是我们要确认显示器显示的结果是正确的。

❶ 在**设置菜单 2** 中选择**液晶屏的亮度**选项

❷ 按多功能控制钮上的◀或▶方向键可以选择合适的亮度等级

实拍操作：转动速控拨盘◎选择"液晶屏的亮度"选项，按下◉按钮后再转动速控拨盘◎即可进行调整。

焦　　距：10mm
光　　圈：F16
快门速度：1/1000s
感 光 度：ISO200

设置照片自动旋转

当使用相机竖拍时，为了方便查看，可以使用"自动旋转"功能将所拍摄的竖画幅照片自动旋转为竖直方向显示。

● 启用📷💻：回放照片时，竖拍图像会在液晶监视器和电脑上自动旋转。

● 启用💻：竖拍图像仅在电脑上自动旋转。

● 禁用：照片不会自动旋转。

❶ 在**设置菜单** 1 中选择**自动旋转**选项

❷ 按多功能控制钮上的▲或▼方向键可以选择**启用**或**禁用**自动旋转功能

高手点拨：建议选择"启用📷 💻"选项，从而在回放时方便观察构图情况。

自动关闭电源节省电力

在实际拍摄中，为了节省电池的电力，可以在"自动关闭电源"菜单中选择自动关闭电源的时间。如果在指定时间内不操作相机，那么相机将会自动关闭电源，从而节约电池的电力。

● 1 分 /2 分 /4 分 /8 分 /15 分 /30 分：相机将会在选择的时间关闭电源。

● 禁用：即使在 30 分钟内不操作相机，相机也不会自动关闭电源。在 LCD 屏被自动关闭后，按下任意按钮均可唤醒相机。

❶ 在**设置菜单** 1 中选择**自动关闭电源**选项

❷ 按多功能控制钮上的▲或▼方向键可以选择自动关闭电源的时间

高手点拨：在实际拍摄中，可以将"自动关闭电源"选项设置为 2 分钟或 4 分钟，这样既可以保证抓拍的即时性，又可以最大限度地节电。

保护照片防止误删除

“保护图像”功能可以防止照片被误删。被选中保护的图像会在左上角出现一个 标记，表示该图像已被保护，将无法使用相机的删除功能将其删除。

但是，如果对储存卡进行格式化，那么即使图像被保护，也会被删除。

高手点拨：为了保护重要的照片，最好在拍摄后立即进行图片保护，以免误删。该功能在需要一次删除多张照片时非常有用——将不希望删除的照片保留起来，然后再删除全部照片，而被保护的照片会保留下来。

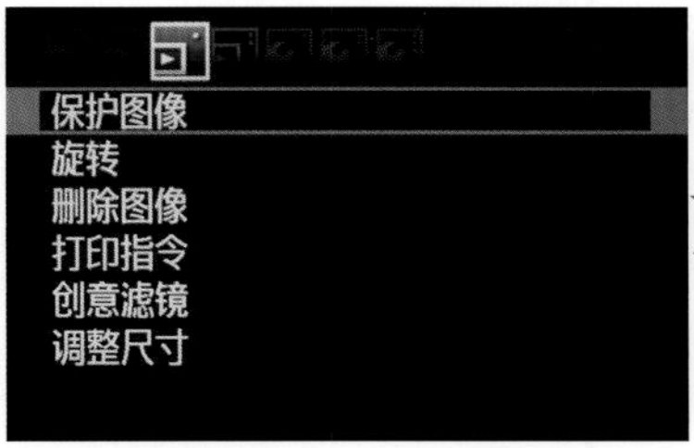

❶ 在**回放菜单** 1 中选择**保护图像**选项

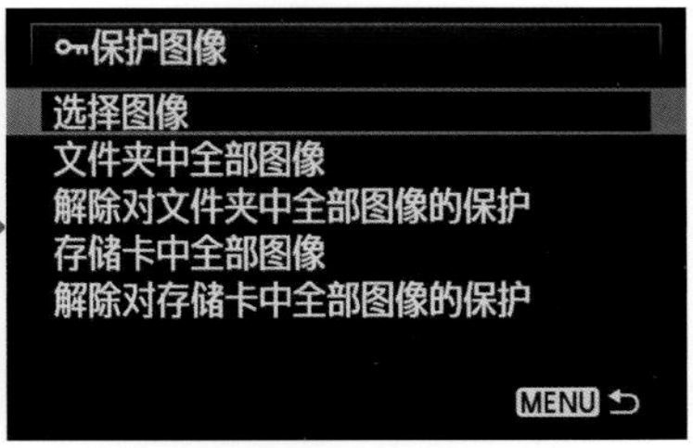

❷ 按多功能控制钮上的▲或▼方向键根据需要选择保护照片的方法

- 选择图像：可手工选择一张或多张照片进行保护。
- 文件夹中全部图像：可选择某个文件夹进行保护。
- 解除对文件夹中全部图像的保护：取消对某个文件夹中所有图像的保护。
- 存储卡中全部图像：对整个存储卡中的图像进行保护。
- 解除对存储卡中全部图像的保护：取消对整个存储卡中所有图像的保护。

设置照片播放的跳转形式

在单张照片播放显示模式下，可以在“用进行跳转图像”菜单中设置跳转张数，也可以根据日期、文件夹等进行跳转。

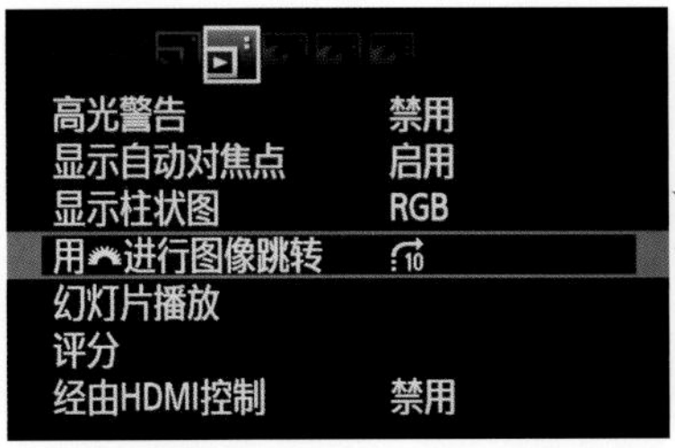

❶ 在**回放菜单** 2 中选择**用进行图像跳转**选项

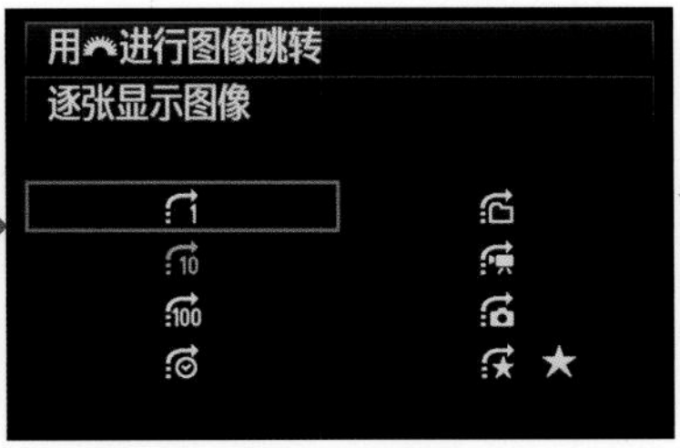

❷ 按多功能控制钮上的▲或▼方向键指定转动主拨盘时的图像跳转方式

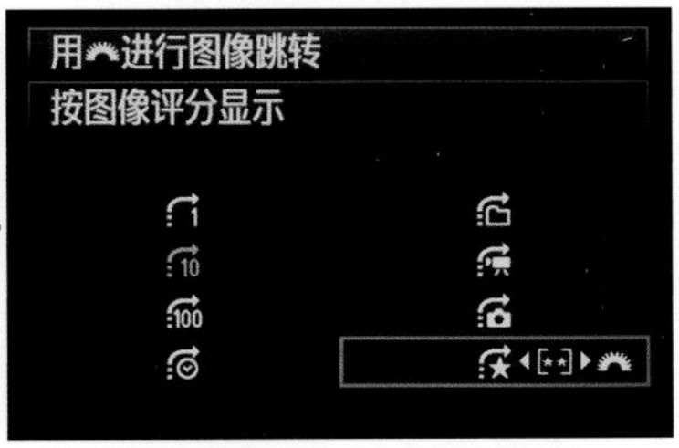

❸ 若选择最后一项，即按照照片的星级进行跳转，此时可转动主拨盘修改每次跳转的照片星级

- ：选择此选项并转动时，将逐个显示图像。
- 10：选择此选项并转动时，将跳转 10 张图像。
- 100：选择此选项并转动时，将跳转 100 张图像。
- ：选择此选项并转动时，将按日期显示图像。
- ：选择此选项并转动时，将按文件夹显示图像。
- ：选择此选项并转动时，将只显示短片。
- ：选择此选项并转动时，将只显示静止图像。
- ：选择此选项并转动时，将按评分显示图像。

清除无用照片

在删除图像时，我们既可以使用相机的快捷键逐个选择删除，也可以通过相机内部的"删除图像"菜单进行批量删除。

❶ 在**回放菜单 1** 中选择**删除图像**选项

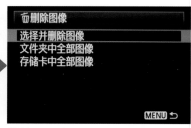

❷ 按多功能控制钮上的▲或▼方向键选择要删除图像的方式

● 选择并删除图像：可以选中单个或多张照片进行删除。

❶ 选择**选择并删除图像**选项

❷ 转动速控拨盘选择要删除的图像，按多功能控制钮上的▲或▼方向键选择是否删除此图像

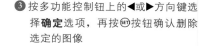

❸ 按多功能控制钮上的◄或►方向键选择**确定**选项，再按⚙按钮确认删除选定的图像

● 文件夹中全部图像：删除某个文件夹中的全部图像。

❶ 选择**文件夹中全部图像**选项

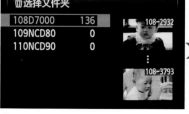

❷ 选择要删除图像的文件夹

❸ 按多功能控制钮上的◄或►方向键选择**确定**选项，再按⚙按钮确认删除选定的图像

● 存储卡中全部图像：删除当前存储卡中的全部图像。

❶ 选择**存储卡中全部图像**选项

❷ 按多功能控制钮上的◄或►方向键选择**确定**选项，再按⚙按钮确认删除存储卡中所有（除锁定）的图像

清洁感应器以获得更清晰的照片

数码单反相机的一大优点是能够更换镜头，但在更换镜头时，相机的感光元件就会暴露在空气中，时间一长，难免会沾上微小的粉尘，从而导致拍摄出来的照片上出现脏点，如果要清洁这些粉尘，可以使用 Canon EOS 60D 的"清洁感应器"功能。

- 自动清洁：选择此选项，则开关机时都将自动清洁感应器。
- 立即清洁：选择此选项，则相机将即时进行清洁除尘。
- 手动清洁：选择此选项，反光板将升起，可以进行手动清洁。

高手点拨： 要获得最好的清洁效果，在清洁感应器时应将相机垂直立放在桌子或其他平面物体上。由于重复清洁感应器其效果不是很明显，因此无需短时间内多次重复清洗。在手动清洁感应器时，要耐心细致，以免划伤 CMOS 前面的低通滤镜。

❶ 在**设置菜单 3** 中选择**清洁感应器**选项

❷ 按多功能控制钮上的▲或▼方向键选择清洁感应器的方式

利用周边光量校正改善暗角问题

使用广角镜头或大光圈镜头在光圈全开的情况下拍摄时，照片的四周会经常出现暗角。这是由于镜头的镜片结构是圆形的，而成像的图像感应器是矩形的，投进镜头的光线经过遮挡，在图像的四周就会形成暗角。所以，Canon EOS 60D 提供了"周边光量校正"功能。

Canon EOS 60D 内置了 25 款佳能原厂镜头的暗角数据，安装上镜头以后，就可以自动识别并调用相应的数据。进入"周边光量校正"菜单，如果选择"启动"，界面中会显示"可利用校正数据"，相机会以校正的周边光量拍摄照片。但如果使用的是非佳能原厂的镜头，则建议关闭该功能。

❶ 在**拍摄菜单 1** 中选择**周边光量校正**选项

❷ 按多功能控制钮上的▲或▼方向键选择是否启用周边光量校正功能

高手点拨：如果以 JPEG 格式保存照片，建议选择"启动"，通过校正改善暗角问题；如果以 RAW 格式保存照片，建议选择"关闭"，然后在其他专业照片处理软件中校正此问题。

关闭"周边光量校正"功能时，使用 EF 24-70mm F2.8 L USM 镜头，在广角端光圈值为 F2.8 时拍摄的照片，周围的暗角比较严重

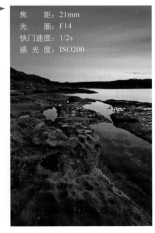

开启"周边光量校正"功能时，暗角问题明显得到改善

指定 SET 按钮功能

在"分配 SET 按钮"菜单中，用户可以根据自己的实际需要和操作习惯，对拍摄时 SET 按钮的功能进行设定。

● **默认（无效）**：按下⑪按钮时不执行任何操作。

● **图像画质**：按下⑪按钮，可在液晶监视器上设置图像画质。

● **照片风格**：按下⑪按钮，可在液晶监视器上设置照片风格。

● **白平衡**：按下⑪按钮，可在液晶监视器上设置白平衡。

❶ 在**自定义菜单**中选择 C.Fn Ⅳ：**操作/其他**选项

❷ 按多功能控制钮上的◀或▶方向键选择**分配 SET 按钮**并按下⑪按钮，再按▲或▼方向键选择 SET 按钮的功能

● **闪光曝光补偿**：按下⑪按钮，可在液晶监视器上设置闪光曝光补偿的数值。

● **取景器-◙**：按下⑪按钮，可在取景器上显示电子水准仪。

高手点拨：这个选项可依据自己的喜好进行设置，如果觉得 SET 按钮使用起来不顺手，可以对其进行设置。

设置使用 INFO 按钮显示的内容

该菜单用于设置拍摄状态下按下 INFO. 按钮时是否显示相机设置、电子水准仪、拍摄功能。

在该菜单中，选择所需显示的选项并按下 SET 按钮添加勾选标记，按"确定"按钮后再次按下 SET 按钮，即可完成设置。

● **显示相机设置**：用于在 LCD 屏上显示白平衡、色彩空间等设置。

● **电子水准仪**：即使取消"电子水准仪"的选择，在开启"实时显示拍摄"和"短片拍摄"功能时，电子水准仪仍会出现。

● **显示拍摄功能**：用于显示光圈、快门速度等参数，此时在机身上按下"ISO"、"AF"等按钮时，也可以在 LCD 屏中进行参数设置。

❶ 在**设置菜单 3** 中选择**使用 INFO. 按钮显示的内容**选项

❸ 默认情况下，按 INFO. 按钮将按顺序显示相机设置、电子水准仪、拍摄功能等 3 个界面

如果在回放照片时反复按下 INFO. 按钮，可以在不同的查看方式下浏览。

❷ 按多功能控制钮上的▲或▼方向键可以选择某个选项，按 SET 按钮可确定是否显示该信息

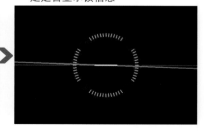

清除全部相机设置

利用"清除全部相机设置"菜单可以一次性清除所有设定的自定义功能，从而恢复到出厂时的设置状态，免去了逐一清除的麻烦。

❶ 在**设置菜单** 3 中选择**清除全部相机设置**选项

❷ 按多功能控制钮上的◀或▶方向键选择**确定**选项，按下◉按钮即可清降全部相机设置

实时显示下的拍摄设置

实时显示拍摄

实时显示拍摄，即指在相机的液晶监视器上进行取景、拍摄，有人喜欢这种类似于卡片机的取景方式，也有很多摄影师不会采用这种取景方式，此时就可以通过"实时显示拍摄"菜单来设置是否启用实时显示拍摄功能。

❶ 在**拍摄菜单** 4 中选择**实时显示拍摄**选项

❷ 按多功能控制钮上的▲或▼方向键选择**启用**或**禁用**

显示网格线

显示网格后，可以帮助我们进行水平或垂直方向上的构图校正，同时，选择"网格线1"选项后，其三分构图网格线还可以帮助我们进行准确的三分法构图。

❶ 在**拍摄菜单** 4 中选择**显示网格线**选项

❷ 按多功能控制钮上的▲或▼方向键可选择是否显示网格线以及网格线的形式

选择合适的自动对焦模式

通过"自动对焦模式"菜单，可以选择最适合拍摄环境或者拍摄主体的对焦模式。

● 实时模式：在此模式下，将使用图像感应器进行对焦，其对焦速度比快速对焦模式要慢，甚至可能出现难以合焦的问题，但其优点是可以实时显示对焦的状态及结果。

●ᶦᶦ（面部优先）实时模式：与实时模式基本相同，但加入了人脸识别功能，在拍摄

❶ 在**拍摄菜单** 4 中选择**自动对焦模式**选项

❷ 按多功能控制钮上的▲或▼方向键选择一种对焦模式

人像时相机将自动识别面部，并优先对面部合焦，如果识别到多个面部，需要使用速控拨盘，选择要优先合焦的面部。

● 快速模式：尽管可以快速对焦，但是在自动对焦操作期间，实时显示图像将被暂时中断。

实时模式下的显示状态

ᶦᶦ（面部优先）实时模式下的显示状态

快速模式下的显示状态

设置照片的长宽比

在实时显示拍摄模式下，可以为拍摄的照片指定多种拍摄的比例，如 3：2、4：3、16：9、1：1 等，当选择不同的比例时，将用辅助线来显示长宽比。

JPEG 图像可被保存为 4：3、16：9、1：1 等长宽比画面；RAW 格式图像将始终以 3：2 的长宽比进行保存，但会在照片中记录下长宽比信息，在输出到电脑上以后，将按照所设置的长宽比进行显示。

❶ 在**拍摄菜单** 4 中选择**长宽比**选项

❷ 按多功能控制钮上的▲或▼方向键选择一种画面的长宽比例

3:2比例时的效果

4:3比例时的效果

焦　　距：14mm
光　　圈：F11
快门速度：8s
感光度：ISO100

第02章

Canon EOS 60D

高手实战正确曝光攻略

理解正确曝光的含义

不论是专业摄影师还是业余爱好者，所有摄影者在拍摄时面对的主要问题就是如何使照片正确曝光。所谓正确曝光，是指通过控制曝光量使被摄体的明暗光亮在画面中呈现最佳效果，从而使景物的层次、质感和色彩得到真实再现，或得到创作者想实现的画面效果。

例如，在某公园拍摄一张有草地与蓝天的照片时，如果摄影师希望照片中的天空是浅蓝色的，而拍出照片中的天空颜色也确实是浅蓝色的，那么照片的曝光就是"正确的曝光"。假如照片中的天空不是浅蓝色的，说明设置的曝光值是错误的。如果天空的颜色比想要的颜色浅，例如为白色、浅灰色，那么此照片就是大家常说的"曝光过度"的照片；反之，如果天空的色调为深蓝色或黑灰色，那么这张照片就是一张"曝光不足"的照片。

数码相机测光表中的读数只能作为我们确定实际曝光值的参考，再好的测光表，也无法真正解决曝光问题，拍摄时需要摄影师根据预想的拍摄效果和被摄体的具体情况灵活确定曝光值。当然，在大多数情况下，这个数值恰好是正确的曝光值，但有时也不尽然。

理解曝光中的互易律

"互易律"是指一旦确定了正确曝光需要的曝光值后，如果快门速度和光圈中的一个参数发生了改变，都可以很快地根据互易关系确定另一个参数的数值。简单地说，就是可以用慢速快门加小光圈或者高速快门加大光圈得到相同的曝光量。但要注意的是，采用这两种曝光组合拍出的照片效果是不一样的。

假设对某个场景合适的曝光值是 1/15s 和 F11，根据互易律，摄影师可以将快门速度减慢到 1/8s（降低一挡，曝光时间加倍）并且把光圈缩小到 F16（同样降低一挡，进入镜头的光量减半），采用 1/15s 和 F11 与 1/8s 和 F16 拍摄的曝光量是完全相同的。同样

还可以使用 1/4s 和 F22、1/30s 和 F8、1/2s 和 F32、1/60s 和 F5.6 这几组不同的曝光组合，所有这些曝光组合都可以让相同总量的光线照射到感光元件上。

了解了这些，我们就可以选择所需要的光圈或快门速度，并且进行符合互易关系的调整。

由于在数码单反相机中，快门速度与光圈都是按挡位改变的，因此在改变光圈或快门速度设置时，只要记录下某一个参数所改变的挡数，另一个参数只要改变相同的挡数即可。改变时需要注意的是，在光圈与快门速度曝光组合中，若一个参数增大，则另一个参数必须减小。

例如，假设 1/250s 和 F4 是正确的曝光组合，那么增加 4 挡快门速度到 1/15s，同时只要缩小 4 挡光圈到 F16，就可以得到相同的曝光量。

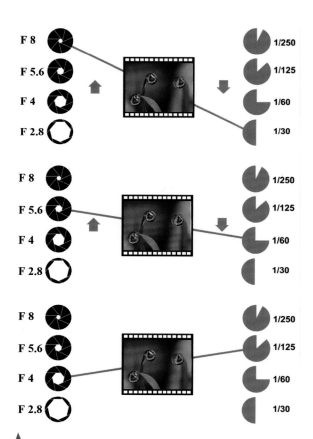

从这三幅图中可以看出，要正确曝光中间位置的图像，当光圈从 F4 变化到 F8 时，快门速度也要相应从 1/125s 变化为 1/30s

灵活使用曝光模式

由于不同的曝光模式适用于不同的拍摄环境和题材,因此每一个拍摄者都需要了解各种曝光模式的特点,从而根据不同的拍摄情况灵活选择合适的曝光模式。

程序自动曝光模式

程序自动曝光模式在模式转盘上显示为 P,在此模式下,相机基于一套算法来确定光圈与快门速度组合。通常,相机会自动选择一个适合手持拍摄并且不受相机抖动影响的快门速度,同时还会调整光圈,以得到合适的景深,从而保证所有景物都清晰对焦。虽然,光圈与快门速度由相机自动设定,但摄影师仍然可以设置 ISO 感光度、白平衡、曝光补偿等参数。

此模式适合拍摄那些不用十分注重曝光控制的题材,例如新闻、纪实、偷拍、自拍等。

由于相机自动选择的曝光设置未必是最佳的曝光组合,例如,摄影师可能认为采用此快门速度手持拍摄时会不够稳定,或者希望用更大的光圈。此时,可以利用相机的程序偏移功能,通过半按快门按钮并转动主拨盘的方法,得到**等效曝光**的快门速度和光圈组合。

在此模式下,用户可以通过转动主拨盘选择快门速度和光圈的不同组合

焦　距:50mm
光　圈:F13
快门速度:1/800s
感 光 度:ISO200

程序自动曝光模式适合抓拍一些身边的人和事

什么是等效曝光

下面我们通过一个拍摄案例说明等效曝光的含义。例如,摄影师在使用 P 挡程序自动曝光模式拍摄一张人像照片时,相机给出的快门速度为 1/60s,光圈为 F8,但摄影师希望采用更大的光圈,以便通过虚化背景来突出人物主体。此时可以向右转动主拨盘,将光圈调大 6 挡增至 F4,而在 P 挡程序自动曝光模式下,相机会自动将快门速度也提高 6 挡,从而达到 1/250s。1/60s、F8 与 1/250s、F4 这两组快门速度与光圈的数值虽然不同,但可以得到相同的曝光量,这就是等效曝光。

光圈优先曝光模式

光圈优先曝光模式在模式转盘上显示为 Av。在此模式下，摄影师可以旋转主拨盘从镜头的最小光圈到最大光圈之间选择所需光圈，相机会根据当前设置的光圈大小自动计算出合适的快门速度值。

使用光圈优先曝光模式拍摄的最大优点是可以控制画面的景深，在同样的拍摄距离下，光圈越大，景深越小，即前景、背景的虚化效果就越好；反之，光圈越小，景深越大，即前景、背景的清晰度就越高。

高手点拨：在光圈优先曝光模式下，快门速度是由相机根据光圈大小自动设定的，小光圈必然会降低快门速度。在手持拍摄时，如果快门速度低于安全快门速度，就可能出现因手的抖动而导致的画面模糊等问题，此时可以通过提高 ISO 感光度数值或增大光圈来提高快门速度，如果能够使用三脚架拍摄，就可以更好地稳定相机，确保画面质量。当光圈过大而导致快门速度超出了相机的极限时，如果仍然希望保持该光圈，可以尝试降低 ISO 感光度的数值，或使用中灰滤镜降低光线的进入量，从而保证曝光准确。

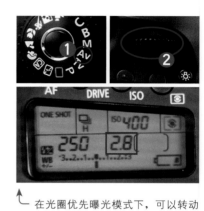

在光圈优先曝光模式下，可以转动主拨盘调节光圈数值

通过大光圈虚化背景来突出昆虫，也使画面显得简洁、明了

为了保证画面有足够大的景深，使用小光圈可以使远近景皆很清晰

焦　距：200mm
光　圈：F2.8
快门速度：1/800s
感光度：ISO200

焦　距：15mm
光　圈：F16
快门速度：1/200s
感光度：ISO400

快门优先曝光模式

快门优先曝光模式在模式转盘上显示为 Tv。这种曝光模式通常用于拍摄快速移动的物体，如飞鸟或运动员；或用于长时间曝光拍摄，从而以较慢的快门速度拍摄出有创意的照片。在此模式下，摄影师可以转动主拨盘从 1/8000s 至 30s 之间选择所需的快门速度，相机会根据曝光要求自动计算出光圈的大小。

在快门优先模式下，可以转动主拨盘调节快门速度的数值

高手实拍：用低速快门拍摄如丝般的水流

在风光摄影佳片中，我们经常会见到如丝般的溪流、瀑布、海浪等画面。要拍摄出这样的画面效果，常采用快门优先曝光模式，并将快门速度设置为一个较低的数值即可。

例如，用 1/4s~2s 左右的快门速度，就能够拍出不错的溪流效果，当然在实际拍摄时还需要根据当时的光线情况对快门速度进行调整，如果光线较暗，可以使用更低的快门速度。

焦　距：135mm
光　圈：F5.6
快门速度：12s
感光度：ISO200

以 1/2s 的快门速度拍摄到了非常梦幻的水流效果，白色的流水、绿色的树叶，使画面不仅在色彩对比方面层次分明，而且树叶的加入也使画面更有生命力

高手点拨：当快门速度较低时，一定要使用三脚架或将相机放在较平坦的地方，使用遥控器进行拍摄，最次也要采取倚靠树或石头的方法持稳相机，以尽量保证拍摄时相机的稳定。

高手实拍：用高速快门拍摄飞溅的水滴

当水滴落入平静的水面后，会在水面溅起漂亮的皇冠形涟漪，要将这样的瞬间定格在画面中，需要极高的快门速度，快门速度一般要保证在 1/1000s 以上，有时甚至采用 1/3000s 以上的快门速度才能保证成功拍摄。

焦　距：50mm
光　圈：F8
快门速度：1/2500s
感光度：ISO800

要拍摄出这样的瞬间，除了要使用足够快的快门速度以外，还需要摄影师在灯光、场景的色彩等方面下足工夫

手动曝光模式

手动曝光模式在模式转盘上显示为 M。使用该模式拍摄时，相机的所有智能分析、计算功能将不工作，所有拍摄参数需要由摄影师手动进行设置。使用 M 挡手动曝光模式拍摄有以下优点。

首先，使用 M 挡手动曝光模式拍摄时，当摄影师设置好恰当的光圈、快门速度后，即使移动镜头进行再次构图，光圈与快门速度的数值也不会发生变化，这一点不像其他曝光模式，在测光并锁定曝光后，才可以进行再次构图。

其次，使用其他曝光模式拍摄时，往往需要根据场景的亮度，在测光后进行曝光补偿操作，而使用 M 挡手动曝光模式时，由于光圈与快门速度都是由摄影师设定的，因此设定的同时就可以将曝光补偿考虑在内，从而省略了曝光补偿的设置过程。因此，在这种曝光模式下，摄影师可以按自己的想法让画面曝光不足，以使照片显得较暗，给人忧伤的感觉；或者让画面稍微过曝，拍摄出明快的高调照片。

另外，在摄影棚拍摄并使用频闪灯或外置的非专用闪光灯时，由于无法使用相机的测光系统，而需要使用闪光灯测光表或通过手动计算来确定正确的曝光值，此时就需要手动设置光圈和快门速度，从而实现正确的曝光。

焦　　距：85mm
光　　圈：F5.6
快门速度：1/125s
感 光 度：ISO200

手动曝光模式对摄影师曝光控制能力是一个挑战，但运用熟练后将更加方便

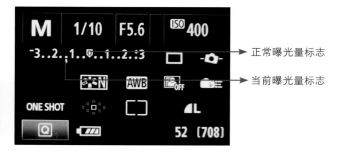

正常曝光量标志

当前曝光量标志

B门模式

在 Canon EOS 60D 相机的模式转盘上可以直接选择 B 门模式。使用 B 门模式拍摄时，持续地完全按下快门按钮，快门都将保持打开，直到松开快门按钮时快门被关闭，即完成整个曝光过程，因此曝光时间取决于快门按钮被按下与被释放的过程。

由于使用这种曝光方式可以持续地长时间曝光，因此特别适合拍摄光绘、天体、焰火等需要长时间曝光并手动控制曝光时间的题材。需要注意的是，使用 B 门模式拍摄时，为了避免拍出的照片模糊，应该使用三脚架及遥控快门线，至少要将相机放置在平稳的水平支承面上。

切换至 B 门模式时，液晶监视器左上角显示 BULB 字样

使用 B 门模式和三脚架的配合来拍摄夜景，建筑物上面的灯光被表现的十分明亮，从而将黑色的夜晚点缀得格外璀璨

焦　　距：16mm
光　　圈：F7.1
快门速度：30s
感 光 度：ISO100

创意自动曝光模式

创意自动曝光模式在模式转盘上显示为CA，此模式与全自动模式类似，光圈、快门速度、感光度等参数均由相机自动设定，但与全自动模式下相机自动调节所有拍摄参数不同，创意自动曝光模式具有一定的手动选择功能，摄影师可以对照片的亮度、景深、色调（照片风格）等进行调节；可以选择单拍、连拍和自拍等驱动模式；可以对画质和文件格式进行设置。

与高级拍摄模式相比，这些设置要简单易用一些，所以非常适合摄影初学者使用。

使用创意自动曝光模式拍摄照片的流程如下。

❶ 将模式转盘转至CA。

❷ 按下相机的多功能控制钮，在液晶监视器上出现选项。

❸ 用多功能控制钮选择不同的选项，在屏幕的底部会显示所选功能的简要介绍。

❹ 通过拨动速控拨盘或主拨盘设置参数，设置完成后，按下相机的多功能控制钮。

❺ 完全按下快门按钮即可拍摄照片。

通过取景器判断曝光情况

在使用 P 挡程序自动、Av 挡光圈优先及 Tv 挡快门优先曝光模式拍摄时，如果半按快门按钮，都会在取景器窗口中显示当前使用的快门速度与光圈组合数据，如果这一组数据不闪烁则表明当前曝光正确，反之则表明快门速度或光圈大小不正确，需要进行调整。

P 挡显示情况

● 如果"30""快门速度和最大光圈值闪烁，表示曝光不足。应该提高 ISO 感光度或使用闪光灯补光。

● 如果"8000"快门速度和最小光圈值闪烁，表示曝光过度。应该降低 ISO 感光度或使用中灰滤镜，以减少进入镜头的光量。

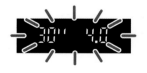

Tv 挡显示情况

● 如果最大光圈值闪烁，表示曝光不足。应该转动主拨盘设置较低的快门速度直到光圈值停止闪烁，或者设置较高的 ISO 感光度。

● 如果最小光圈值闪烁，表示曝光过度。应该转动主拨盘设置较高的快门速度直到光圈值停止闪烁，或者设置较低的 ISO 感光度。

Av 挡显示情况

● 如果快门速度"30""闪烁，表示曝光不足。应该转动主拨盘设置更大的光圈（更小的 F 数值）直到停止闪烁，或者设置更高的 ISO 感光度。

● 如果快门速度"8000"闪烁，表示曝光过度。应该转动主拨盘设置更小的光圈（更大的 F 数值）直到停止闪烁，或者设置更低的 ISO 感光度。

C 模式（C）

C 模式的作用

C 曝光模式在 Canon EOS 60D 的模式转盘上显示为 "C"，可以将其理解为高级手动曝光模式，即可以为每种自定义曝光模式预设不同的参数选项，包括拍摄模式、ISO 感光度、自动对焦模式、自动对焦点、测光模式、画质、白平衡、液晶屏亮度等。使用时可以事先将这些参数设置好，以应对不同的拍摄环境。例如，如果经常拍摄高调雪景风光，可以预先设置正向曝光补偿、较低的 ISO 数值、评价测光模式等，并将其定义为 C1，这样下一次拍摄类似题材时，只需要在模式拨盘中选择 C1 模式，即可快速获得以前为此模式定义的各项拍摄参数。

注册设置C模式

如前所述，使用 C 模式可以快速调用自己常用的拍摄参数设置来拍摄不同的题材，下面介绍如何在相机中定义 C 模式。

首先在相机中设定要注册到 C 模式中的功能，如拍摄模式、快门速度、光圈、ISO 感光度、自动对焦模式、自动对焦点、测光模式、驱动模式、曝光补偿和闪光曝光补偿，如果需要将某些菜单的功能也注册到 C 模式下，也可以同时设置这些菜单选项，能够被注册的菜单功能如下表所示。

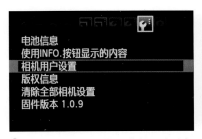

❶ 完成设置后，在**设置菜单 3** 中选择**相机用户设置**选项，然后按下 SET 按钮

❷ 选择**注册设置**选项，然后按下 SET 按钮

❸ 选择**确定**选项，并按下 SET 按钮，则当前相机的设置将被注册到模式转盘的 C 位置下

Canon EOS 60D 支持注册的菜单功能如下。

支持注册的菜单功能	
拍摄菜单 1	画质、提示音、未装存储卡释放快门、图像确认、周边光量校正、减轻红眼，闪光灯控制
拍摄菜单 2	曝光补偿 /AEB、自动亮度优化、照片风格、白平衡、自定义白平衡、白平衡偏移 / 包围、色彩空间
拍摄菜单 3	ISO 自动
拍摄菜单 4	实时显示拍摄、自动对焦模式、显示网格线、长宽比、曝光模拟、静音拍摄、测光定时器
回放菜单	高光警告、显示自动对焦点、显示柱状图、幻灯片播放、用 🎛 进行图像跳转、幻灯片播放
设置菜单 1	自动关闭电源、自动旋转、文件编号
设置菜单 2	液晶屏的亮度、清洁感应器（自动清洁感应器）、锁定 🎛
设置菜单 3	使用 INFO. 按钮显示的内容
自定义菜单	自定义功能

清除相机设置

如果要重新设置 C 模式注册的参数，可以按右图所示的步骤操作。

❶ 选择**设置菜单** 3 中的**相机用户设置**选项，然后选择**清除设置**选项

❷ 使用速控拨盘选择**确定**选项，然后按 SET 按钮确定，即可清除 C 模式中的设置

灵活使用测光模式

要想准确曝光，前提是必须做到准确测光，使用数码单反相机内置测光表提供的测光数据进行拍摄，一般都可以获得准确的曝光。但有时也不尽然，例如，在环境光线较为复杂的情况下，数码相机的测光系统不一定能够准确识别，此时仍采用数码相机提供的曝光组合拍摄的话，就会出现曝光失误。在这种情况下，我们应该根据要表达的主题、渲染的气氛进行适当的调整，即按照"拍摄→检查→设置→重新拍摄"的流程进行不断的尝试，直至拍出满意的照片为止。

由于不同拍摄环境下的光照条件不同，不同拍摄对象要求准确曝光的位置也不同，因此 Canon EOS 60D 提供了 4 种测光模式，以满足不同拍摄对象和拍摄环境对测光的要求。

按下 ◉ 按钮，然后转动主拨盘，即可在 4 种测光方式之间进行切换

评价测光模式

评价测光◉是最常用的测光模式，在全自动模式和创意自动曝光模式下，相机都默认采用评价测光模式。在该模式下，相机会将画面分为 63 个区进行平均测光，此模式最适合拍摄光线比较均匀的场景（被摄主体与背景的明暗反差不大时）。

从拍摄题材来看，如果拍摄的是大场景风光题材，应该首选此测光模式，因为大场景风光照片通常需要考虑整体的光照，这恰好是评价测光的特色。

当然，对于雪、雾、云、夜景等光照效果比较特殊的场景，还需要配合使用后面讲解的曝光补偿功能。

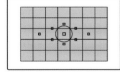

↑ 评价测光模式示意图 ↑ 使用评价测光模式拍摄风光照片，可获得层次丰富的画面

焦　　距：19mm
光　　圈：F10
快门速度：1/500s
感 光 度：ISO100

↓ 虽然拍摄的场景有大面积云雾，但只要在评价测光读数的基础上适当增加正向曝光补偿值，则可以获得曝光准确的画面

焦　　距：24mm
光　　圈：F11
快门速度：1/100s
感 光 度：ISO100

中央重点平均测光模式

在中央重点平均测光□模式下，测光会偏向取景器的中央部位（约占70%），但也会同时兼顾其他部分的亮度。根据佳能公司提供的测光模式示意图，越靠近取景器中心位置，灰色越深，表示这样的区域在测光时所占的权重越大；而越靠边缘的位置，在测光时所占的权重就越小。

由于拍摄人像时通常将人物的面部或上身安排在画面的中间位置，因此人像摄影可以优先考虑采用这种测光模式。如果人物的面部或上身不在画面的中间位置，可以考虑采用后面讲解的点测光模式。

焦　距：	50mm
光　圈：	F3.5
快门速度：	1/320s
感光度：	ISO100

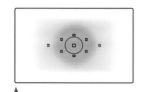

中央重点平均测光模式示意图

人物处于画面的中心位置，使用中央重点平均测光模式，可以保证人像在画面中得到优先测光，从而使其得到准确曝光

局部测光模式

局部测光◉的测光区域占画面的比例约为6.5%。

当主体占据画面位置较小，又希望获得准确曝光时，可以尝试使用该测光模式。

焦　距：	100mm
光　圈：	F5.6
快门速度：	1/1000s
感光度：	ISO200

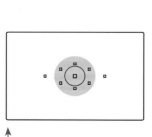

局部测光模式示意图

主体昆虫在画面中所占比例较小，使用局部测光模式可以获得准确的曝光

点测光模式

点测光[•]是一种高级的测光模式，相机只对画面中央区域的很小部分（也就是光学取景器中央对焦点周围约 2.8% 的小区域）进行测光，具有相当高的准确性。

当主体和背景的亮度差较大时，适合使用点测光模式拍摄。

在拍摄人像时常使用此测光模式，以便于更准确地对人物的皮肤或眼睛进行测光。

另外，此测光模式常被用于拍摄暗调照片，或对场景较亮处进行测光，以将场景拍摄成为剪影效果。

焦　距：135mm
光　圈：F6.3
快门速度：1/2500s
感光度：ISO100

点测光模式示意图

对人物进行点测光及对焦，然后重新构图后，获得正常曝光的画面。如果对曝光结果不满意，也可以使用曝光补偿进行适当的校正

由于点测光是依据很小的测光点来计算曝光量的，因此测光点所对的位置将会在很大程度上影响画面的曝光效果，尤其是逆光拍摄或画面明暗对比较大时。如果是对准亮部测光，则可得到亮部曝光合适、暗部细节有所损失的画面；如果是对准暗部测光，则可得到暗部曝光合适、亮部细节有所损失的画面。所以，拍摄时可根据自己的拍摄意图来选择不同的测光点，以得到曝光合适的画面。

灵活使用曝光补偿

为什么要进行曝光补偿

　　由于数码单反相机是利用一套程序来对不同的拍摄场景进行测光，因此在拍摄一些极端环境，如较亮的白雪场景或较暗的弱光环境时，往往会出现偏差。为了避免这种情况的发生，可以通过增加或减少曝光补偿使所拍摄景物的色彩得到较好的还原。

　　数码单反相机都具有曝光补偿功能，即可以在当前相机测定的曝光数值基础上，做增加亮度或减少亮度的补偿性操作，使拍摄出来的照片更符合真实的光照环境。例如，拍雪景时就要增加一至两挡的曝光补偿，这样拍出来的雪才会更加洁白。

曝光补偿的表示方法

　　曝光补偿通常用类似"EV+1"的方式来表示。"EV"是指曝光值，"EV+1"是指在自动曝光的基础上增加 1 挡曝光补偿；"EV−1"是指在自动曝光的基础上减少 1 挡曝光补偿。Canon EOS 60D 的曝光补偿范围为 −5.0~+5.0 之间，并以 1/3 级或 1/2 级为增量进行调节。

焦　距：75mm
光　圈：F4.5
快门速度：1/160s
感光度：ISO400

曝光补偿设置方法

　　在 Canon EOS 60D 上利用机身上的按钮设置曝光补偿的操作步骤如下。

❶ 将模式转盘转至 P、Tv 或 Av 挡位上。

❷ 半按快门按钮并查看曝光量指示标尺 。

❸ 保持半按快门按钮的同时或在半按快门按钮后 4 秒以内，转动速控拨盘 。

❹ 要取消曝光补偿，转动速控拨盘 ，将曝光补偿量恢复为 状态即可。

❺ 按下快门按钮，即完成照片拍摄。

实拍操作：将模式转盘设为 P、Tv、Av，然后转动速控拨盘 即可调节曝光补偿数值。

　　另一种操作方法略显麻烦，即用菜单进行操作，其操作步骤如下。

❶ 进入拍摄菜单 1，选择"曝光补偿 /AEB"选项，按 SET 按钮，进入"曝光补偿 / 自动包围曝光设置"设置界面。

❷ 按▲或▼方向键可调整曝光补偿数值，完成后按 SET 按钮即可。

左侧小图为未增加曝光补偿的效果，右侧图为增加曝光补偿的效果，可以看出来在拍摄人像时，在自动测光的基础上增加 2/3 挡左右的曝光补偿，可以使模特的皮肤显得更加光滑、白皙

如何确定曝光补偿方向

曝光补偿有正向与负向之分，即增加与减少曝光补偿，最简单的方法就是依据"白加黑减"口诀来判断是做正向还是负向曝光补偿。

"白加"中提到的"白"并不是指单纯的白色，而是泛指一切颜色看上去比较亮的、比较浅的景物，如雪、雾、白云、浅色的墙体、亮黄色的衣服等；同理，"黑减"中提到的"黑"，也并不是单指黑色，而是泛指一切颜色看上去比较暗的、比较深的景物，如夜景、深蓝色的衣服、阴暗的树林、黑胡桃色的木器等。

在拍摄时，若遇到了"白色"的场景，就应该做正向曝光补偿；如果遇到的是"黑色"的场景，就应该做负向曝光补偿。

如何选择曝光补偿量

如前所述，根据"白加黑减"口诀来判断曝光补偿的方向并非难事，真正使大多数初学者比较迷惑的是，面对不同的拍摄场景应该如何选择曝光补偿量。

实际上，选择曝光补偿量的标准也很简单，就是要根据画面中的明暗比例来确定。

如果明暗比例为 1 ：1，则无需进行曝光补偿，用评价测光就能够获得准确的曝光。

如果明暗比例为 1 ：2，应该做 -0.3 挡曝光补偿；如果明暗比例是 2 ：1，则应该做 +0.3 挡曝光补偿。

如果明暗比例为 1 ：3，应该做 -0.7 挡曝光补偿；如果明暗比例是 3 ：1，则应该做 +0.7 挡曝光补偿。

如果明暗比例为 1 ：4，应该做 -1 挡曝光补偿；如果明暗比例是 4 ：1，则应该做 +1 挡曝光补偿。

总之，明暗比例相差越大，则曝光补偿数值也应该越大。当然，由于 Canon EOS 60D 的曝光补偿范围为 –5.0~+5.0，因此最高的曝光补偿量不可能超过这个数值。

在确定曝光补偿量时，除了要考虑场景的明暗比例以外，还要将摄影师的表达意图考虑在内，其中比较典型的是人像摄影。例如，在拍摄漂亮的女模特时，如果希望其皮肤在画面中显得更白皙一些，则可以在自动测光的基础上再增加 0.3~0.5 挡的曝光补偿。

在拍摄老人时，如果希望其肤色在画面中看起来更沧桑，则可以在自动测光的基础上做 -0.3~-0.5 挡的曝光补偿。

明暗比例为 1:2 的场景

明暗比例为 2:1 的场景

明暗比例为 1：3 的场景

高手实拍：增加曝光补偿拍摄白雪

摄影初学者在拍摄雪景时，往往会把白雪拍成灰色。根据"白加黑减"的曝光补偿原则，在拍摄时根据场景中白色区域的面积大小增加0.3~1挡曝光补偿，就可以拍摄出洁白的雪景。

焦　　距：26mm
光　　圈：F8
快门速度：1/500s
感 光 度：ISO100

↑ 在拍摄时增加一挡曝光补偿，使雪的颜色得到正常还原

高手实拍：降低曝光补偿拍出纯黑背景

无论是拍摄花卉，还是拍摄静物，如果被摄主体位于深色背景的前面，可以通过做负向曝光补偿以适当降低曝光量，将背景拍成纯黑色，从而凸显前景处的被摄主体。需要注意的是，应该用点测光模式对准前景处的被摄主体相对较亮的区域进行测光，从而保证被摄主体的曝光是准确的。

→ 在拍摄时，减少了0.3挡曝光补偿，从而获得了纯黑的背景，荷花被表现的十分突出

焦　　距：17mm
光　　圈：F4.9
快门速度：1/160s
感 光 度：ISO100

根据经验、口诀进行曝光

根据经验设置曝光补偿量

前面介绍曝光补偿时，讲解了如何根据明暗比例来设置曝光补偿，但估计场景的明暗比例毕竟是一件有技术含量的工作，因此下面介绍一些由前人总结出来的曝光补偿使用经验，以便各位读者设置曝光补偿值时参考。

● 利用侧逆光或逆光拍摄时，需增加 1 挡曝光补偿。

● 拍摄海景或雪景时，需增加 1 挡曝光补偿。

● 拍摄日落时，需增加 1 挡曝光补偿。

● 拍摄非常明亮的物体或者白色的物体时，至少要增加 1 挡曝光补偿。

● 拍摄非常暗的物体或黑色的物体时，至少要减少 1 挡曝光补偿。

● 在拍摄场景的反差较大时，要拍摄阴影部分的重要细节，需增加 2 挡曝光补偿。

● 如果被摄主体的背景很暗，并且比主体大得多时，至少要减少 1 挡曝光补偿。

根据口诀设置曝光组合

在曝光经验中，"阳光十六法则"、"月亮11、8、5.6 法则"这两个口诀无疑是广大摄友最熟知的。

阳光十六法则

此法则完整口诀如下。

艳阳十六阴天八 多云十一日暮四
阴云压顶五点六 雨天落雪同日暮
室内球场二秒足 客厅戏台快门八

根据口诀，在拍摄时要先将快门速度设为感光度数值的倒数，例如感光度为 ISO100 时就应将快门速度设为 1/100s，感光度为 ISO200 时就应将快门速度设为 1/200s，总之让快门速度尽可能接近感光度数值的倒数。

然后根据口诀设置光圈的大小。例如，如果天气晴朗，就将光圈设为 F16；如果稍有一点阴天，就把光圈设为 F11；如果是阴天，就把光圈设为 F8；如果天气非常阴沉，就把光圈设为 F5.6。

月亮 11、8、5.6 法则

拍摄月亮的时候，如果是满月，就将光圈设为 F11；如果是缺月，应将光圈设为 F8；如果是月牙，那么使用 F5.6 的光圈即可。此时，快门速度应设为感光度数值的倒数，如果感光度为 ISO100，快门速度设为 1/100s 比较合适。

焦　　距：18mm
光　　圈：F11
快门速度：1/160s
感 光 度：ISO100

在多云的天气里依照阳光十六法则，将光圈设置为 F11，即可获得曝光合适的画面

多拍精选——利用自动包围曝光提高成功率

什么情况下要使用自动包围曝光功能

在光线很难把握的拍摄场合或拍摄时间很短的情况下，为了避免曝光不准确而失去这次难得的拍摄机会，可以选择自动包围曝光功能以确保万无一失。

在使用自动包围曝光功能拍摄时，相机将针对同一场景连续拍出三张曝光量略有差异的照片，每一张照片曝光量具体相差多少，可由摄影师自己进行设置。在具体拍摄过程中，摄影师无需调整曝光量，相机将根据摄影师的预先设置，除了拍摄一张标准曝光量的照片以外，还会自动在标准曝光量的基础上增加、减少一定的曝光量，拍出另外两张照片。

按此方法拍摄出来的三张照片中，总会有一张是曝光相对准确的照片，因此使用自动包围曝光功能能够提高拍摄的成功率。

→ 使用自动包围曝光功能拍摄出三张照片，并将三张照片合成为风格独特的 HDR 照片

焦　　距：96mm
光　　圈：F9
快门速度：1/400s
感 光 度：ISO200

如何设置自动包围曝光功能

通过菜单设置自动包围曝光功能的方法为，在"拍摄菜单 2"中选择"曝光补偿 / 自动包围曝光设置"选项，进入其设置界面后，可以通过拨动主拨盘设置自动包围曝光量，通过速控拨盘改变曝光补偿量。设置完成后，液晶显示屏会显示 图标。还可以使用 Q 按钮进行快速设置，其操作方法如右图所示。

按上述步骤完成设置后，完成对焦并完全按下快门按钮，就可以按标准曝光量、减少曝光量和增加曝光量的顺序拍出三张照片。

在实际拍摄时，如果使用的是单拍模式 ，需要按下 3 次快门才能完成自动包围曝光拍摄；如果使用的是连拍模式 ，则按住快门不放即可连续拍摄 3 张照片。

↑ 按 按钮并使用多功能控制钮 选择曝光补偿，转动主拨盘 可调整包围曝光的范围

正常

降低 1.33 级曝光补偿

提高 1.33 级曝光补偿

使用 Photoshop CS5 中的"文件"｜"自动"｜"合并至 HDR Pro"命令进行 HDR 合成后的效果

曝光锁定

使用曝光锁定功能的优点是，即使我们松开半按快门的手，重新进行对焦、构图，只要按住曝光锁定按钮，那么相机还是会以刚才锁定的曝光参数进行曝光。Canon EOS 60D 的曝光锁定按钮在机身上显示为"✱"。

进行曝光锁定的操作方法如下。

❶ 对准选定区域进行测光，如果该区域在画面中所占比例很小，则应靠近被摄物体，使其充满取景器的中间区域。

❷ 半按快门，此时在取景器中会显示一组光圈和快门速度组合数据。

❸ 释放快门，按下自动曝光锁按钮，相机会记住刚刚得到的曝光值。

❹ 重新取景构图，完全按下快门即可完成拍摄。

按下自动曝光锁按钮，即可锁定当前的曝光参数

设置自动亮度优化防止过曝

在明亮的直射阳光下拍摄时，容易在照片中出现较暗的阴影与较亮的高光区域，而启用"自动亮度优化"功能，则可以确保画面中高光和阴影的细节不会丢失，因为此功能会使相机的曝光稍欠一些，这有助于防止照片的高光区域完全变白而显示不出任何细节，同时还能够避免因为曝光不足而导致阴影区域细节的丢失。

按Q按钮并使用多功能控制钮✛选择自动亮度优化，转动主拨盘可选择不同的优化强度

焦　　距：35mm
光　　圈：F11
快门速度：1/800s
感光度：ISO200

在拍摄高调照片或类似于上图所示的局部有高光的场景时，利用"自动亮度优化"功能，可以提高拍摄的成功率

用直方图查看曝光信息

直方图实际上就是一张不同亮度像素的分布图，直方图水平方向的每一个位置表示一个亮度坐标，这个坐标上的黑线高度就表示这种亮度的像素在照片上的相对数量。利用直方图可以快速判断所拍照片曝光是否准确，对于摄影师控制照片的曝光具有重要的意义。在 Canon EOS 60D 中，直方图被称为柱状图。

显示柱状图

使用相机中的柱状图可以查看照片的亮度及色彩分布信息，以便于我们更理性地判断当前照片的曝光情况。"显示柱状图"菜单包含"亮度"和"RGB"两个选项。

● 亮度：适合比较关心曝光准确度的用户，通过查看图像及其亮度柱状图，可以了解图像的曝光量倾向和画面的整体色调情况。

● RGB：适合比较关心色彩饱和度的用户，通过查看RGB柱状图，可以了解色彩的饱和度和渐变情况以及白平衡偏移情况。

❶ 在**回放菜单** 2 中选择**显示柱状图**选项

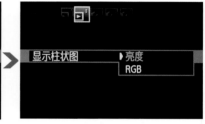

❷ 按多功能控制钮上的▲或▼方向键选择柱状图的类型

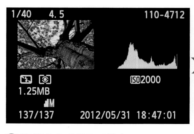

❸ 选择**亮度**时的显示状态

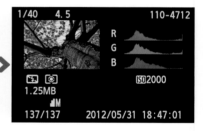

❹ 选择 RGB 时的显示状态

在拍摄光线复杂的场景时，一定要养成经常查看直方图的好习惯，以判断当前曝光是否正确

焦　距：20mm
光　圈：F5.6
快门速度：1/2s
感光度：ISO640

如何观看亮度直方图

如前所述，直方图的横轴表示亮度等级（从左至右分别对应黑与白），纵轴表示影像中各种亮度像素的多少，峰值越高则这个亮度的像素数量就越多。所以，拍摄者可通过观看直方图的显示状态来判断照片的曝光情况，若出现曝光不足或曝光过度，调整曝光参数即可获得一张曝光准确的照片。

↖ 中间隆起，曝光准确

当曝光准确时，照片影调较为均匀，且高光、暗部或阴影处均无细节丢失，反映在直方图上就是在整个横轴上从最黑的左端到最白的右端都有像素分布。由于右上图的画面偏低影调，故反映在直方图上为像素向左侧（最暗处）靠拢，后期可调整余地较大。

当曝光过度时，照片上会出现死白的区域，画面中的很多细节都丢失了，反映在直方图上就是像素主要集中于横轴的右端（最亮处），并出现像素溢出现象，即高光溢出，而左侧较暗的区域则无像素分布，故该照片在后期无法补救。

↖ 左低右高，曝光过度

当曝光不足时，照片上会出现无细节的死黑区域，画面中丢失了过多的暗部细节，反映在直方图上就是像素主要集中于横轴的左端（最暗处），并出现像素溢出现象，即暗部溢出，而右侧较亮区域少有像素分布，故该照片在后期也无法补救。

↖ 左高右低，曝光不足

焦　距：85mm
光　圈：F1.8
快门速度：1/200s
感光度：ISO200

第03章

Canon EOS 60D
高手实战影像清晰锐利攻略

理解摄影中的对焦操作

在每一次摄影实践中，摄影师都必须清楚应该对焦于被摄对象的哪一个点上，这个操作的实质就是确定照片最清晰的是哪一个点或哪一个区域。实际上，我们在观赏成功的摄影作品时，都会在照片中找到一个最清晰的点或区域，这个点或区域通常是照片的视觉焦点。

对焦点的位置会对照片的清晰度、景深范围，甚至构图有很大影响。以右侧的两张照片为例，对焦在第一朵花上时，其后方的花朵被虚化；而如果对焦于第二朵花上时，则其前方的花朵被虚化。

在风光摄影中，如果采取横画幅构图，并且希望照片的中部清晰、锐利，可以将对焦点的位置设置在中部；而如果采用竖画幅构图，则可以将对焦点的位置安排在上下两端，使近景或远景的景物都清晰呈现。

从图可以看出来，不同的对焦位置，可得到清晰位置不一样的画面

在拍摄海景时，将焦点设定在画面的中心位置，从而确保了整个画面的清晰度

焦　　距：21mm
光　　圈：F5.6
快门速度：5s
感光度：ISO800

选择正确的自动对焦模式

如果说了解测光可以帮助我们正确还原影调与色彩的话，那么选用正确的对焦模式，则可以帮助我们获得清晰的影像，而这恰恰是拍出好照片的关键环节之一，因此了解各种对焦模式的特点及适用场合是非常必要的。

➤ 按下 **AF** 按钮然后转动主拨盘🔘或速控拨盘◯，可以在 3 种自动对焦模式间切换

拍摄静止对象选择单次自动对焦模式（ONE SHOT）

在单次自动对焦模式下，相机在合焦（半按快门时对焦成功）之后即停止自动对焦，此时可以保持半按快门的状态重新调整构图。这种对焦模式是风光摄影中最常用的对焦模式之一，特别适合于拍摄静止的对象，例如山峦、树木、湖泊、建筑等。当然，在拍摄人像、动物时，如果被摄对象处于静止状态，也可以使用这种对焦模式。

↖ 使用单次自动对焦拍摄花卉，可以获得构图完美、视觉感强烈的画面

焦　　距：60mm
光　　圈：F4
快门速度：1/60s
感 光 度：ISO100

拍摄运动对象选择人工智能伺服自动对焦模式（AI SERVO）

选择人工智能伺服自动对焦模式后，当摄影师半按快门合焦后，保持快门的半按状态，相机会在对焦点中自动切换以保持对运动对象的准确合焦状态，如果在这个过程中被摄对象的状态或位置发生了较大的变化，相机会自动作出调整。这种对焦模式较适合拍摄运动中的鸟、昆虫、人等对象。

在拍摄运动中的人时，使用人工智能伺服自动对焦可以获得焦点清晰的画面

焦　距：200mm
光　圈：F7.1
快门速度：1/1000s
感光度：ISO200

拍摄动静不定的对象选择人工智能自动对焦模式（AI FOCUS）

人工智能自动对焦模式适用于无法确定拍摄对象是静止还是运动状态的情况，此时相机会自动根据拍摄对象是否运动来选择单次对焦还是连续对焦。例如，在动物摄影中，如果所拍摄的动物暂时处于静止状态，但有突然运动的可能性，此时应该使用该对焦模式，以保证能够将拍摄对象清晰地捕捉下来。在人像摄影中，如果模特不是处于摆拍的状态，随时有可能从静止变为运动状态，也可以使用这种对焦模式。

使用人工智能自动对焦模式拍摄无法预计动势的画面，可以保证画面焦点清晰

焦　距：280mm
光　圈：F7.1
快门速度：1/1000s
感光度：ISO200

自动对焦点选择方法

在实际拍摄中，常常会对自动对焦点进行重新选择，Canon EOS 60D 的"自动对焦点选择方法"菜单提供了两种不同的选择对焦点的方法：激活自动对焦选择和选择自动对焦点。

相对于常规模式繁琐的操作过程，使用多功能控制钮或速控拨盘直接选择要快捷得多，因此建议用户多使用这两种设置方法。

高手点拨：经过比较可发现，使用多功能控制钮直接选择比较方便，只需要向不同方向斜按即可调整对焦点。

❶ 在**自定义菜单**中选择 C.Fn III：**自动对焦 / 驱动**选项

❷ 按多功能控制钮上的◀或▶方向键选择**自动对焦点选择方法**选项并按⑤按钮，再按▲或▼方向键选择一个选项即可

● 激活自动对焦选择：选择此选项，按下⊞按钮后可使用多功能控制钮或者主拨盘 / 速控拨盘选择自动对焦点。

● 选择自动对焦点：选择此选项，按下⊞按钮后，可直接使用多功能控制钮选择自动对焦点。

叠加显示

在"叠加显示"菜单中可以设置对焦成功后，是否在取景器中以红色显示对焦点，此功能有利于摄影师确认当前是否成功对焦。

● 启用：选择此选项，则在成功对焦后，取景器中成功对焦的对焦点将会闪烁红光。

● 禁用：选择此选项，则在成功对焦后，取景器中成功对焦的对焦点不会闪烁红光。

高手点拨：由于该功能有利于确认是否正确对焦，所以建议选择"启用"。

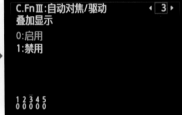

❶ 在**自定义菜单**中选择 C.Fn III：**自动对焦 / 驱动**选项

❷ 按多功能控制钮上的◀或▶方向键选择**叠加显示**选项并按⑤按钮，再按▲或▼方向键选择是**启用**或**禁用**选项

自动对焦模式不工作应如何处理

当相机无法自动对焦时，可以检查镜头上的对焦模式开关，如果镜头上的对焦模式开关置于"MF"位置，将不能自动对焦，应将镜头上的对焦模式开关置于"AF"位置。

确保稳妥地安装了镜头，如果没有稳妥地安装镜头，则有可能无法正确对焦。

清洗镜头和相机的电气触点，如果镜头端或相机端的触点变脏，则不能正常进行通讯，导致有时可能无法自动对焦。

通过以上排查，如果自动对焦模式仍不能工作的话，则应该将相机送至最近的佳能相机维修中心进行检修。

使用对焦锁定功能拍摄对焦困难的对象

在某些环境中，使用自动对焦功能很难成功对焦。例如，在主体与背景反差较小、主体在弱光环境中、主体处于强烈逆光环境、主体本身有强烈的反光、主体的大部分被一个自动对焦点覆盖的景物覆盖、主体是重复的图案等情况下，Canon EOS 60D就可能无法进行自动对焦。在这些情况下，就可以使用对焦锁定功能进行拍摄，其操作过程如下。

❶ 设置对焦模式为单次自动对焦，将AF点移至另一个与希望对焦的主体距离相等的物体上，然后半按快门按钮。

❷ 因为半按快门按钮时对焦已被锁定，因此可以在半按快门按钮的状态下，将AF点移至希望对焦的主体上，重新构图后完全按下快门即可完成拍摄。

焦　　距：200mm
光　　圈：F5.6
快门速度：1/200s
感光度：ISO200

在弱光环境中拍摄时，可使用长焦将景物拉近进行对焦，锁定对焦并重新构图后再进行拍摄

使用手动对焦准确对焦

手动对焦的必要性

在摄影中，如果遇到下面的情况，相机的自动对焦系统往往无法准确对焦，此时应该使用手动对焦功能。

- 画面主体处于杂乱的环境中，例如拍摄杂草后面的花朵。
- 画面属于高对比、低反差的画面，例如拍摄日出、日落。
- 弱光摄影，例如拍摄夜景、星空。
- 距离太近的题材，例如拍摄昆虫、花卉等。
- 主体被覆盖，例如拍摄动物园笼子中的动物、鸟笼中的鸟等。
- 对比度很低的景物，例如拍摄色彩很纯的蓝天、墙壁。
- 距离较近且相似程度又很高的题材。

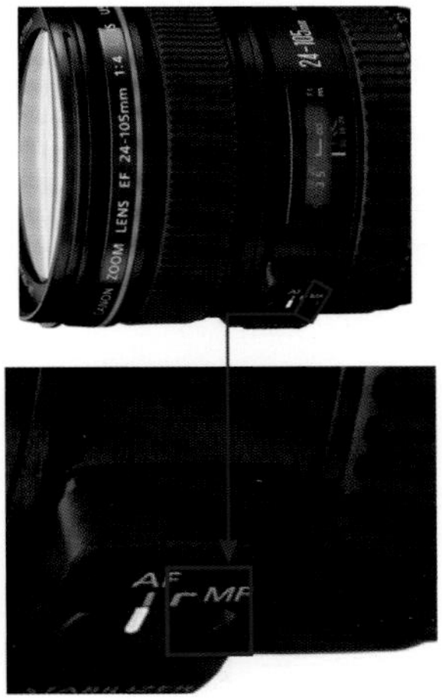
ZOOM LENS EF 24-105mm 1:4
AF
MF

实拍操作：要使用手动对焦，首先需要在镜头上将对焦方式从默认的 AF 自动对焦切换至 MF 手动对焦，拧动对焦环，直至在取景器中观察到的影像非常清晰为止，然后即可按下快门进行拍摄。

高手点拨：有些镜头是支持全时手动对焦的，即在没有切换至 MF 的情况下，也可以拧动对焦环进行手动对焦。如果镜头不支持全时手动对焦，切不可强行拧动对焦环，否则很可能损坏对焦系统。

手选对焦点

如前所述，在某些情况下会出现自动对焦无法准确对焦的现象，这时可使用手动对焦功能进行更精准的对焦。对 Canon EOS 60D 而言，除了在全自动曝光模式和创意自动曝光模式下，采用其他曝光模式拍摄都可以手选对焦点。Canon EOS 60D 共有 9 个对焦点供选择。

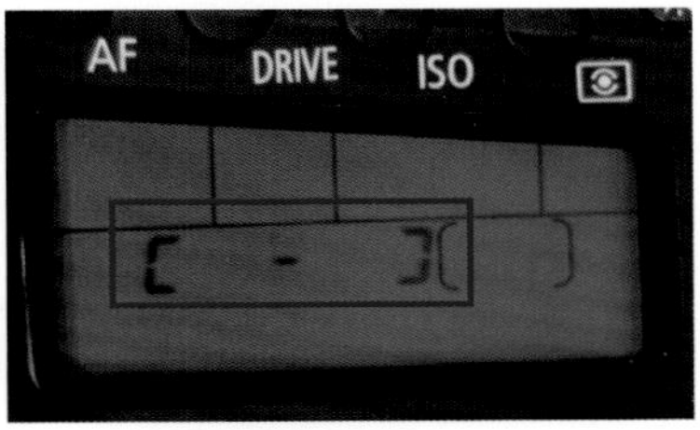
AF
DRIVE
ISO

实拍操作：按下相机背面右上方的按钮，然后拨动多功能控制钮，可以调整单个对焦点的位置。转动速控拨盘也可以按照一定顺序切换对焦点的位置。

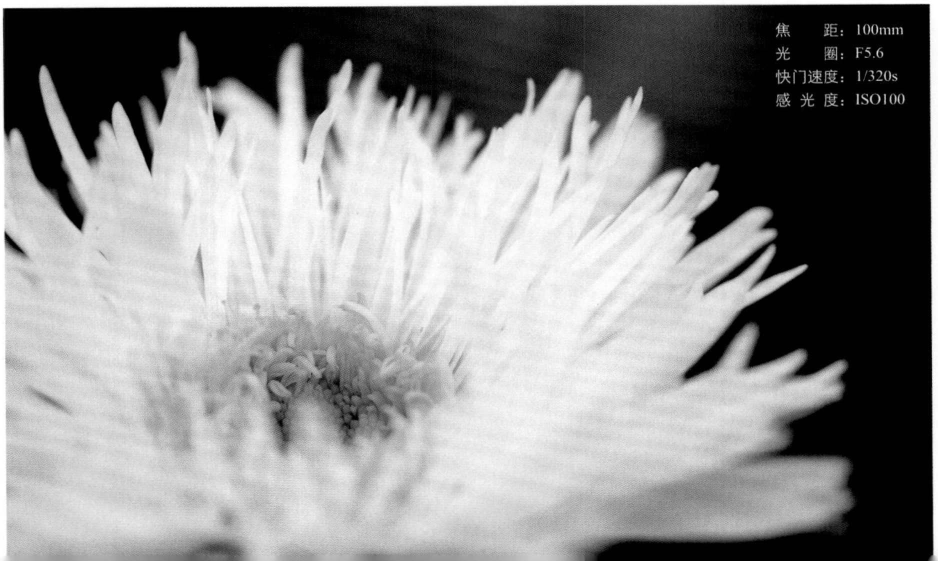
焦　　距：100mm
光　　圈：F5.6
快门速度：1/320s
感 光 度：ISO100

在拍摄微距题材时，由于景深很浅，对焦稍有偏差就可能导致跑焦，因此要用手动对焦的方式仔细对焦

如何解决手动对焦拍摄的图像边缘模糊、聚焦不实的问题

有时手动对焦会出现画面边缘模糊、对焦不实的现象，出现这种情况时，可以从以下三方面进行检查。

● 按快门按钮时相机是否产生了移动？按快门按钮时要确保相机的稳定，尤其在拍摄夜景或在黑暗的环境中拍摄时，快门速度应高于正常拍摄条件下的快门速度。尽量使用三脚架或遥控器，以确保拍摄时相机的稳定。

● 镜头和主体之间的距离是否超出了相机的对焦范围？如果超出了对焦范围，应该调整主体和镜头之间的距离。

● 取景器的自动对焦点是否覆盖了主体？相机会对焦取景器中自动对焦点覆盖的主体。如果因为所处位置使自动对焦点无法覆盖主体，可以使用对焦锁定功能锁定对焦。

焦　　距：100mm
光　　圈：F5.6
快门速度：1/400s
感 光 度：ISO200

将相机架设在三脚架上，采用手动对焦的方式进行拍摄，获得了焦点清晰、图像边缘锐利的好照片

使用安全快门及防抖功能

设置安全快门

所谓安全快门，是指保证手持相机稳定拍摄的最低快门速度，其大小与所使用镜头的焦距有关，即等于所使用镜头焦距的倒数。

例如，如果在拍摄时使用镜头的60mm焦距段，那么安全快门就是1/60s，只有使用1/60s以上的快门速度拍摄，才能最大限度地避免由于手的抖动而造成的画面模糊问题。在弱光下手持拍摄时，要特别注意使快门速度高于安全快门速度，这样才能保证画面清晰。

使用 IS 开关及 IS 模式开关

佳能特有的防抖功能 IS（Image Stabilizer）是通过其在单反相机领域率先自主开发的影像稳定器来实现的，IS 防抖镜头通过移动镜头内置的防抖元件，使因手抖造成的图像模糊得到有效抑制。开启此功能后，摄影师即使短时间采用手持拍摄的方式，也能够获得清晰、锐利的照片。

通常，为了避免由于手的抖动而导致的照片模糊，拍摄时所使用的快门速度应该不低于前面所讲述的安全快门速度，但如果使用的是具有 IS 功能的镜头，则即使快门速度低于安全快门速度 3 挡，仍然能够获得清晰的影像。

有些佳能镜头具有两个防抖模式开关，其作用也不相同。

● "模式 1" 的用途是，假定被摄对象处于静止状态，防抖功能会通过镜头内部的光轴补偿光学元件的运动，对上下左右任何方向的抖动都进行补偿。

● "模式 2" 是为了进行追随拍摄而设置的。其原理是，在拍摄时，如果在一定的时间内持续发生较大的抖动，则在此方向上的抖动补偿将自动停止，这样取景器内的图像也会变得稳定。因此，在水平方向进行追随拍摄时，切换至 "模式 2" 后，镜头不会补偿水平方向的抖动，只对垂直方向进行持续补偿，从而消除垂直方向的抖动对画面产生的影响。这个模式的优点是没有进行多余的补偿，就能使照片保持清晰、锐利。

具有防抖及防抖模式开关的镜头

高手点拨：一般情况下，在使用三脚架或独脚架时应该关闭 IS 功能，这是为了防止 IS 功能将三脚架的操作误测为手的抖动。但有些镜头内部采用了陀螺仪传感器，能够自动感知其是否已被安装在三脚架上，这些镜头会自动切换为三脚架模式，摄影师不必再手动切换开关了。因此，要仔细阅读镜头的说明书，查看镜头是否有此功能，再决定打开还是关闭防抖功能。

用附件使照片更清晰

在对相机的稳定性要求很高的情况下，通常会采用快门线与脚架结合使用的方式进行拍摄。

利用快门线避免相机产生震动

为了避免手按快门造成相机抖动而导致图像的模糊，可以使用快门线进行辅助拍摄。快门线的作用就是为了尽量避免直接按下机身快门时可能产生的震动，从而获得更高的画面质量。

焦　　距：300mm
光　　圈：F6.3
快门速度：1/400s
感 光 度：ISO200

↵ 以 300mm 的长焦镜头拍摄远处的松鼠，但快门速度只有 1/50s，要拍出这样清晰的效果，必须要使用具有 IS 功能的镜头

将快门线与相机连接后，可以像在相机上操作一样，半按快门进行对焦、完全按下快门进行拍摄，但由于不用触碰机身，因此在拍摄时可以避免相机的抖动。

↑ 佳能 RS-E 定时快门线

使用三脚架保持相机稳定

脚架是最常用的摄影配件之一，其作用是使相机在拍摄时保持稳定，即使是在长时间曝光的情况下也能够拍出清晰的照片。

脚架可分为独脚架与三脚架两种，由架身与云台两部分组成，下面分别讲解其选购要点与使用技巧。

对比项目		说　明
铝合金	碳素纤维	目前市场上的脚架主要有铝合金和碳素纤维两种，二者在稳定性上不相上下 铝合金脚架的价格相对比较便宜，但重量较重，不便于携带；碳素纤维脚架的档次要比铝合金脚架高，便携性、抗震性、稳定性都很好，在经济条件允许的情况下，是非常理想的选择。它的缺点是价格很贵，往往是相同档次铝合金脚架的好几倍
三脚	独脚	三脚架用于稳定相机，甚至在与快门线、遥控器配合使用时，可实现完全脱机拍摄 独脚架的稳定性要弱于三脚架，主要起支撑作用，在使用时需要摄影师来控制独脚架的稳定性，由于其体积和重量都只有三脚架的1/3，无论是旅行还是日常拍都十分方便。独脚架一般可以在安全快门的基础上放慢三倍左右的快门速度，比如安全快门为1/150s 时，使用独脚架可以选择 1/20s 左右的快门速度进行拍摄
三节	四节	大多数脚架可拉长为三节或四节，通常情况下，四节脚架要比三节脚架高一些，但由于第四节往往是最细的，因此在稳定性上略差一些。如果选择第四节也足够稳定的脚架，在重量及价格上无疑要高出很多 如果拍摄时脚架的高度不够，可以通过提高三脚架的中轴来提升三脚架的高度，但不要升得太高，否则会使三脚架的稳定性受到较大影响。为了提高稳定性，可以在中轴的下方挂上一个重物
三维云台	球形云台	云台是连接脚架和相机的配件，用于调节拍摄方向和角度，在购买脚架时，通常会有一个配套的云台供使用，当它不能满足我们的需要时，可以更换更好的云台——当然，前提是脚架仍能满足我们的需求 需要注意的是，很多价格低廉的脚架，其架身和云台是一体的，因此无法单独更换云台。如果确定以后需要使用更高级的云台，那么在购买脚架时就一定要问清楚，其云台是否可以更换 云台包括三维云台和球形云台两类。三维云台的承重能力强、构图十分精准，缺点是体积较大，在携带时稍显不便；球形云台体积较小，只要旋转按钮，就可以将相机迅速移到所需要的角度，操作起来十分便利

利用遥控器遥控拍摄

遥控器的作用

如同电视机的遥控器一样，我们可以在远离相机的情况下，使用快门遥控器进行对焦及拍摄，通常这个距离是 10m 左右，这已经可以满足自拍或拍集体照的需要了。需要注意的是，有些遥控器在面对相机正面进行拍摄时，会出现对焦缓慢甚至无法响应等问题，在购买时应注意咨询销售人员并进行测试。

佳能 RC-6 遥控器是功能最简单的遥控器，工作范围为 5m 左右

如何进行遥控拍摄

使用遥控器 RC-1 或 RC-6（均为另售），可以在最远距离相机约 5 米的地方进行遥控拍摄。使用 RC-1 可以立即拍摄或进行 2 秒延时拍摄，使用 RC-6 可进行 2 秒延时拍摄。遥控拍摄的流程如下。

❶ 将电源开关置于"ON"。

❷ 半按快门对拍摄对象进行预先对焦。

❸ 将镜头对焦模式开关置于"MF"采用手动对焦；也可以将对焦模式开关调到"AF"，采用自动对焦。

❹ 按下"DRIVE"按钮，选择自拍。注视液晶显示屏并转动速控转盘选择 10 秒或 2 秒延时拍摄。

❺ 将遥控器朝向相机的遥控感应器并按下传输按钮，自拍指示灯点亮并拍摄照片。

按 Q 按钮，使用多功能控制钮选择驱动模式，转动主拨盘并选择"**自拍：10 秒 / 遥控**"即可

焦　　距：200mm
光　　圈：F2
快门速度：1/80s
感 光 度：ISO800

采用自拍＋遥控拍摄的方法，自己就能成为自己的摄影师

使用反光镜预升功能

当使用 1/30~1/8s 的快门速度或更长的曝光时间拍摄、使用长焦镜头拍摄或者进行微距摄影时，启用反光镜预升功能可以减轻机震对成像质量的影响。

开启反光镜预升功能后，第一次按下快门时，反光镜将被升起，第二次按下快门时即可拍摄照片，拍摄后反光镜则回到原处。如果不将反光镜预先升起，在按下快门后反光镜升起的震动将会使照片出现轻微的模糊。在反光镜升起 30 秒钟后，若没有进行任何操作，则反光镜将自动落回原位。再次完全按下快门按钮，反光镜会再次升起。

● 启用：按下快门按钮，反光镜将被升起。

● 禁用：按下快门按钮，反光镜不会预先升起。

高手点拨：反光镜预升功能会影响拍摄速度，所以通常情况下建议将其设置为"禁用"，需要时再设置为"启用"。另外，当反光镜被升起后，构图、焦点位置及曝光参数均不能在取景器中进行确认，因此要事先设置并确认。

❶ 在**自定义菜单**中选择 C.Fn Ⅲ：**自动对焦 / 驱动**选项

❷ 按多功能控制钮上的◀或▶方向键选择**反光镜预升**选项，然后按多功能控制钮上的▲或▼方向键选择**启用**或**禁用**选项，并按⊛按钮确认

控制噪点提升画质

长时间曝光降噪功能

曝光时间越长，则产生的噪点就越多，此时，可以启用长时间曝光降噪功能消减画面中产生的噪点。

● 禁用：在任何情况下都不执行长时间曝光降噪功能。

● 自动：当曝光时间超过 1 秒，且相机检测到噪点时，将自动执行降噪处理。此设置在大多数情况下有效。

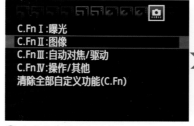

❶ 在**自定义菜单**中选择 C.Fn Ⅱ：**图像**选项

❷ 按多功能控制钮上的◀或▶方向键选择**长时间曝光降噪功能**并按⊛按钮，再按▲或▼方向键选择是否启用该功能以及该功能的启用方式

● 启用：在曝光时间超过 1 秒时即进行降噪处理，此功能适用于选择"自动"选项时无法自动执行降噪处理的情况。

利用 ISO 感光度扩展增强弱光拍摄能力

扩展感光度即指在感光元件基础感光度的基础上进行延伸，从而可以设置更高的感光度。

简单而直观地说，基础感光度就是直接写有感光度数值的感光度，而带有 H、L 字样的即为扩展感光度。L 代表最低感光度扩展，H 代表最高感光度扩展，Canon EOS 60D 只为用户提供了最高感光度扩展功能。对于高感光度扩展而言，由于其通常已经是感光元件的极限数值了，因此象征意义远大于使用意义，除非极特殊的情况，否则很少使用，因为此时产生的噪点及杂色已经是无法忍受的了，从摄影角度来说，仅具备记录的意义。

❶ 在**自定义菜单**中选择 C.Fn I：曝光选项

高手点拨：高感光度会使图像的画质下降，因此在使用相机的全自动拍摄模式拍摄弱光环境下的景物时，建议选择"禁用"选项，否则相机将自动提高 ISO 感光度，导致画面中的噪点会很大。

❷ 按多功能控制钮上的◀或▶方向键选择 ISO **感光度扩展**选项并按⒮⒠⒯按钮，再按▲或▼方向键选择**启用**或**禁用**

❸ 启用了 ISO 感光度扩展功能后，可以选择 H（12800）感光度

利用高 ISO 感光度降噪功能减少噪点

作为一款中端数码单反相机，Canon EOS 60D 在噪点控制方面非常出色。但在使用高感光度拍摄时，画面中仍然会有一定的噪点，此时就可以通过高 ISO 感光度降噪功能对噪点进行不同程度的抑制。

● 标准：标准降噪幅度，照片的画质会略受影响，适合用 JPEG 格式保存照片的情况。

● 弱：降噪幅度较小，适合直接用 JPEG 格式拍摄且对照片不做调整的情况。

● 强：降噪幅度较大，适合弱光拍摄的情况。

● 禁用：不执行高 ISO 感光度降噪功能，适合用 RAW 格式保存照片的情况。

❶ 在**自定义菜单**中选择 C.Fn II：图像选项

高手点拨：当将"高 ISO 感光度降噪功能"设置为"强"时，将大大降低相机的连拍速度。

❷ 按多功能控制钮上的◀或▶方向键选择**高 ISO 感光度降噪功能**并按⒮⒠⒯按钮，再按▲或▼方向键选择长时间曝光降噪的幅度

以下是由中关村在线网站提供的对高 ISO 感光度降噪功能所做的实拍对比评测图。

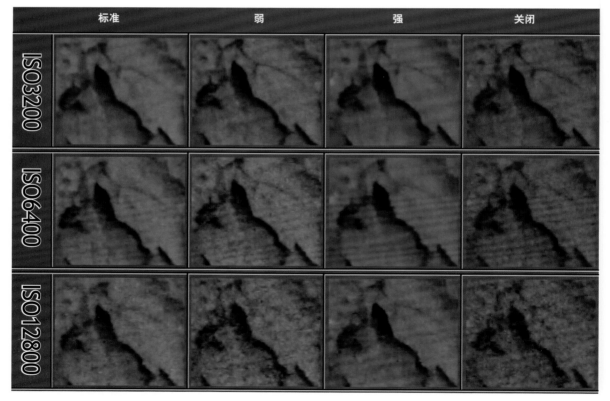

焦　　距：85mm
光　　圈：F1.8
快门速度：1/500s
感 光 度：ISO100

第04章

Canon EOS 60D
高手实战照片纯正色彩攻略

正确设置白平衡

了解白平衡的重要性

无论是在室外的阳光下，还是在室内的白炽灯光下，人的固有观念仍会将白色的物体视为白色，将红色的物体视为红色。我们有这种感觉是因为人的眼睛能够修正光源变化造成的色偏。实际上，当光源改变时，这些光的颜色也会发生变化，相机会精确地将这些变化记录在照片中，这样的照片在纠正之前看上去是偏色的，但其实这才是物体在当前环境下的真实色彩。

数码相机配备的白平衡功能，就像人眼一样，可以纠正不同光源下的色偏，使偏色的照片得以纠正。

Canon EOS 60D 的白平衡功能

Canon EOS 60D 提供了预设白平衡、自定义白平衡、色温白平衡 3 类白平衡功能，以满足不同的拍摄需求。

● 预设白平衡：包括自动、日光、阴影、阴天、钨丝灯、荧光灯、闪光灯 7 种白平衡模式，摄影师可以根据拍摄需要灵活选择上述白平衡模式，从而使拍出的照片获得真实自然的色彩效果。

● 色温白平衡：如果摄影师熟悉各种光线下的色温，可以通过直接输入色温的方式来定义白平衡。Canon EOS 60D 为色温白平衡模式提供的调整范围为 2500~10000K，最小的调整幅度为 100K，用户可根据实际色温进行精确的调整。

● 自定义白平衡：如果以上方法都不能够正确还原场景的颜色，还可以通过自定义白平衡的方式，来得到准确的色彩还原。

按 Q 按钮并使用多功能控制钮选择白平衡选项，转动主拨盘 可以选择不同的白平衡模式

显　示	白平衡模式	色　温（K）
AWB	自动	3000 ~7000
☀	日光	5200
⌂	阴影	7000
☁	阴天（黎明、黄昏）	6000
☀	钨丝灯	3200
░	荧光灯	4000
⚡	闪光灯	6000
⚲	自定义	2000~10000
K	色温	2500~10000

正确选择内置白平衡

对于大多数拍摄场景而言，使用相机内置的 7 种白平衡模式，能够获得较好的色彩还原，下面分别加以介绍。

● 自动白平衡：Canon EOS 60D 的自动白平衡具有非常高的准确率，在大多数情况下，都能够获得准确的色彩还原。

● 日光白平衡：日光白平衡的色温值为 5200K，适用于空气较为通透或天空有少量薄云的晴天，但如果是在正午时分，环境的色温已经达到 5800K，又或者是日出前、日落后，色温仅有 3000K 左右，此时使用日光白平衡很难得到正确的色彩还原。

● 阴影白平衡：阴影白平衡的色温值为 7000K，在晴天的阴影（如建筑物或大树下的阴影）中拍摄时，由于其色温较高，使用阴影白平衡模式可以获得较好的色彩还原。反之，如果不使用阴影白平衡，则会产生不同程度的蓝色，即所谓的"阴影蓝"。

● 阴天白平衡：阴天白平衡的色温值为 6000K，适用于云层较厚的天气或阴天环境。

● 钨丝灯白平衡：又称为白炽灯白平衡，其色温为 3200K。在很多室内环境拍摄时，如拍摄宴会、婚礼、舞台等，由于色温较低，因此采用钨丝灯白平衡可以得到较好的色彩还原。若此时使用自动白平衡，则很容易出现偏色（黄）的现象。

● 荧光灯白平衡：荧光灯白平衡的色温值为 4000K，在以白色荧光灯作为主光源的环境中拍摄时，能够得到较好的色彩还原。但如果是其他颜色的荧光灯，如冷白或暖黄等，使用此白平衡模式得到的结果会有不同程度的偏色，因此还是应该根据实际环境来选择。建议拍摄一张照片作为测试，以判断色彩还原是否准确。

● 闪光灯白平衡：闪光灯白平衡的色温值为 6000K。顾名思义，此白平衡在以闪光灯作为主光源拍摄时，能够获得较好的色彩还原。但要注意的是，不同的闪光灯，其色温值也不尽相同，因此还要通过实拍测试，才能确定色彩还原是否准确。

对比上一小节中的表格可以看出，自动白平衡仅支持 3000~7000K 的色温区间，若拍摄现场的色温超出了此范围，就无法保证能够获得准确的色彩还原。因此，在拍摄时建议先使用自动白平衡拍摄一张照片作为测试，如果结果较为满意，可以继续使用，否则应使用其他白平衡设置。

对于大部分拍摄题材而言，使用预设白平衡就能够获得准确的色彩还原

手调色温

通过前面的讲解我们了解到，无论是预设白平衡，还是自定义白平衡，其本质都是对色温的控制。Canon EOS 60D 预设白平衡的色温范围约为 3200~7000K，只能满足日常拍摄的需求。而如果采用手动调节色温的方式进行调节，则可以在 2500~10000K 的范围内以 100K 为增量对色温进行调整。

因此，当使用室内灯光拍摄时，由于很多光源（影室灯、闪光灯等）的产品规格中会明确标出其发光的色温值，拍摄时就可以直接按照标注的色温进行设置。而如果光源的色温不确定，或者对色温有更高、更细致的控制要求，就应该采取手调色温的方式，先预估一个色温拍摄几张样片，然后在此基础上对色温进行调节，以使最终拍出的照片能够正确还原场景的颜色。

按 Q 按钮并使用多功能控制钮选择**白平衡**选项，使用多功能控制钮选择**色温**选项，然后转动主拨盘可调整色温数值

常见光源或环境色温一览表			
蜡烛及火光	1900K 以下	晴天中午的太阳	5400K
朝阳及夕阳	2000K	普通日光灯	4500~6000K
家用钨丝灯	2900K	阴天	6000K 以上
日出后一小时阳光	3500K	HMI 灯	5600K
摄影用钨丝灯	3200K	晴天时的阴影下	6000~7000K
早晨及午后阳光	4300K	水银灯	5800K
摄影用石英灯	3200K	雪地	7000~8500K
平常白昼	5000~6000K	电视屏幕	5500~8000K
220 V 日光灯	3500~4000K	无云的蓝色天空	10000K 以上

在阴天环境下拍摄时，使用手调色温的方式，更容易获得准确的色彩还原

焦　　距：100mm
光　　圈：F6.3
快门速度：1/500s
感 光 度：ISO400

自定义白平衡

在需要精确设置当前环境下的白平衡时，可以以 18% 的灰板（市面有售）或纯白的对象作为参考来定义白平衡，Canon EOS 60D 相机支持的色温区间为 2500~10000K。

在 Canon EOS 60D 上自定义白平衡的操作流程如下。

① 在镜头上将对焦方式切换至 MF（手动对焦）方式。

② 找到一个白色物体，然后半按快门对白色物体进行测光（此时无需顾虑是否对焦的问题），且要保证白色物体应充满中央的点测光圈（即中央对焦点所在位置的周围），然后按下快门拍摄一张照片。

③ 在"拍摄菜单2"中选择"自定义白平衡"选项。此时将要求选择一幅图像作为自定义的依据，选择前面拍摄的照片即可。

④ 按 SET 按钮确认，即可依据选择的照片完成自定义白平衡操作。

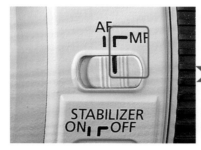

① 将镜头上的对焦模式切换器设为 MF，即可切换至手动对焦模式

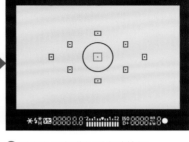

② 对白色对象进行测光并拍摄

③ 选择**自定义白平衡**选项

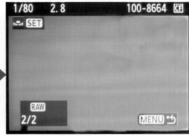

④ 按 SET 按钮确认自定义白平衡设定

白平衡的"错误"用法

仅从"白平衡"字面上来讲，我们通常会将其理解为取得一个平衡的色彩，使白色正确显示出来，从而还原出拍摄对象的真实色彩。例如，在正午直射阳光下，色温约为 5800K，画面偏冷调，我们会设置与之相符的色温或预设白平衡，以达到真实还原色彩的目的。

上面讲解的只是白平衡运用的一个方面，我们还可以换个角度来思考，如果在 5800K 这个"正确"色温的基础上提高色温值，则得到的画面会偏暖色；反之，如果降低色温，则得到的画面会偏冷色。对于摄影来说，这种"错误"的偏色照片并非毫无价值，相反，很多摄影师会经常采用这种手法来获得特别的画面色彩，尤其在拍摄风光、突出现场气氛或进行创意表现时。

➤ 采用逆光拍摄蝴蝶，不仅使其翅膀出现了漂亮的轮廓光，而且翅膀呈现出半透明的质感，使画面显得很精致

焦　　距：200mm
光　　圈：F1.8
快门速度：1/1250s
感 光 度：ISO100

高手实拍：选择恰当的白平衡拍摄暖暖的夕阳

夕阳时分色温较低，光线呈现明显的暖调效果，此时使用色温较高的阴天白平衡（色温值为6000K），可强化这种暖调效果，让画面变得更暖。例如，常见的金色夕阳效果，通常就是使用这种白平衡模式拍摄得到的。

如果还想得到更暖的色调，则可以使用阴影白平衡，或使用手调色温的方式提高色温值，从而得到色彩更加浓烈的画面效果。

高手点拨：如果使用 2500K 或 10000K 这种极端的色温值，画面中的色彩可能会淤积在一起，从而导致细节的丢失。实际拍摄结果表明，使用这种极端色温值拍出的画面，其色彩的还原效果并不好，因此在拍摄时，我们应该根据实际拍摄情况来选择恰当的色温或白平衡模式。

焦　　距：24mm
光　　圈：F8
快门速度：1/400s
感光度：ISO200

通过手调色温至 8500K，获得强烈的暖调效果

高手实拍：选择恰当的白平衡拍摄冷调人像

前面已经提到过，当设置的色温值低于当前环境的色温值时，会产生冷调的画面效果。在拍摄人像时，可以充分利用这一特点来获得冷调人像，冷调画面会让人物的皮肤看起来更白皙。

焦　　距：135mm
光　　圈：F6.3
快门速度：1/400s
感光度：ISO200

使用较低的色温设置，拍摄得到冷调的画面效果

设置白平衡偏移

在"白平衡偏移 / 包围"菜单中可以对所设置的白平衡进行微调，以获得与色温转换滤镜同等的效果。该模式适合熟悉色温转换滤镜的高级用户使用。

另外，我们也可以通过设置白平衡偏移，校正场景中固定的偏色，或某些镜头本身的偏色问题，甚至可以根据需要，故意设置一些偏色，从而获得特殊的色彩效果。

每种色彩都有 1 ～ 3 级校正，并以 1/3 级为步长进行调整，其中 B 代表蓝色，A 代表琥珀色，M 代表洋红色，G 代表绿色。

❶ 选择拍摄菜单 2 中的白平衡偏移 / 包围选项

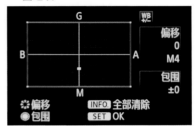

❷ 转动多功能控制钮可以调整白平衡的偏移方向，按下 INFO. 按钮，可以清除当前的白平衡偏移设置

设置白平衡包围

白平衡包围是一种类似于自动包围曝光的功能，可以根据设置一次性记录 3 张不同色彩倾向的照片，只不过使用白平衡包围功能时，按下一次快门即可拍摄 3 张不同色彩倾向的照片。

在实际拍摄时，将按照标准、蓝色（B）、琥珀色（A）或标准、洋红（M）、绿色（G）的顺序拍摄出 3 张不同色彩倾向的照片。

❶ 选择拍摄菜单 2 中的白平衡偏移 / 包围选项

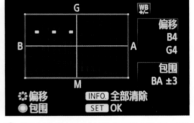

❷ 顺时针转动速控拨盘可以设置 B/A（蓝色 / 红色）包围；逆时针转动速控拨盘可以设置 M/G（洋红色 / 绿色）包围

正常

增加 5 格 B（蓝色）偏移

增加 5 格 A（红色）偏移

正确设置照片风格

大多数人喜欢欣赏清晰、锐利的风光照片，而在欣赏人像照片时则比较注重色调柔和、细节丰富的细腻效果，这就是不同的照片风格。Canon EOS 60D 提供了照片风格设置选项，以便摄影师在拍摄不同题材的照片时，通过设置使所拍摄的照片呈现出或色彩更饱和、或细节更丰富、或对比度更高的画面效果。

Canon EOS 60D 提供了 6 种照片风格，不同的照片风格在饱和度、对比度、锐度等方面的设置略有不同，从而便于摄影师根据自己的风格倾向选择不同的照片风格。

- 标准：最常用的照片风格，使用该风格拍摄的照片画面清晰，色彩鲜艳、明快。
- 人像：适合拍摄人像，使用该风格拍摄的人像照片中，人物皮肤会显得更加柔和、细腻。
- 风光：适合拍摄风光，对画面中的蓝色和绿色有非常好的表现。
- 中性：适合偏爱电脑图像处理的用户，使用该风格拍摄的照片色彩较为柔和、自然。
- 可靠设置：也适合偏爱电脑图像处理的用户，在 5200K 色温下拍摄时，相机会根据主体的颜色调节色彩饱和度。
- 单色：用于拍摄黑白或单色照片。

❶ 选择**拍摄菜单** 2 中的**照片风格**选项

❷ 转动速控拨盘⊙可以选择不同的照片风格；按**INFO.**按钮可以对当前所选照片风格进行详细的参数设置，其中包括锐度、对比度及饱和度等参数

使用人像风格拍摄的照片，画面更加细腻、柔和、自然

焦　距：118mm
光　圈：F4
快门速度：1/200s
感光度：ISO200

焦　　距：85mm
光　　圈：F2.2
快门速度：1/640s
感光度：ISO100

第 05 章

Canon EOS 60D
高手实战准确用光攻略

光线的性质

根据光线的性质不同，可将其分为硬光和软光。由于不同光质的光线所表现出的被摄主体的质感不同，从而使画面产生不同的效果。

硬光

硬光通常是指由直射光直接照射到被摄物体上形成的光线效果，这种光线具有明显的方向性，能够使被摄景物产生强烈的明暗反差和浓重的阴影，有明显的造型效果和光影效果，拍摄岩石、山脉、建筑等题材时常选择硬光。

斑驳的光影照在秦俑上，画面给人一种时光久远的感觉

焦　　距：200mm
光　　圈：F7.1
快门速度：1/500s
感 光 度：ISO100

利用侧面照射过来的硬光，可将建筑物的立体感表现得很好

焦　　距：35mm
光　　圈：F10
快门速度：1/500s
感 光 度：ISO100

软光

软光是由散射光形成的光线效果，其特点是光质比较软，产生的阴影也比较柔和，画面成像细腻，反差较小，非常适合表现物体的形状和色彩。散射光比较常见，如经过云层或浓雾反射后的太阳光、阴天的光线、树荫下的光线、经过柔光板反射的闪光灯照射的光线等。散射光适合表现各种题材，拍摄人像、花卉、水流等题材时常选择散射光。

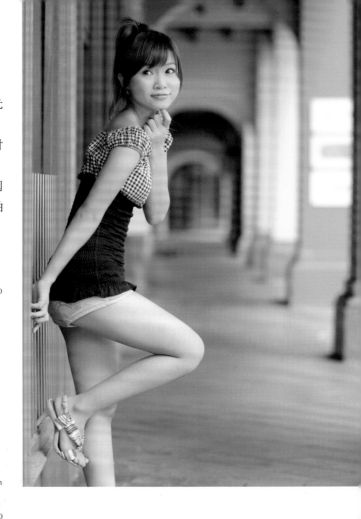

在走廊里拍摄人像时可避开太阳光的照射，模特身上没有厚重的阴影，使画面看起来更加细腻、温和

焦　　距：50mm
光　　圈：F2
快门速度：1/250s
感光度：ISO100

散射光照射下的荷花，明暗反差小，摄影师使用长焦镜头拍摄，荷花的细节被很好地表现了出来

焦　　距：200mm
光　　圈：F2.8
快门速度：1/640s
感光度：ISO200

光线的类型

人工光

"人工光"是指按照拍摄者的创作意图及艺术构思由照明器械所产生的光线，是一种使用单一或多光源分工照明完成统一光线造型任务的用光手段。

人工光的特征是，可以根据创作需要随时改变光线的投射方向、角度和强度等。使用人工光可以鲜明地塑造拍摄对象的形象，表现其立体形态及表面的纹理质感，展示拍摄对象微妙的内心世界和本质，真切地反映拍摄者的思想情感和创作意图，体现环境特征、时间概念、现场气氛等，再现生活中某种特定光线的照明效果，从而形成光线的语言。

人工光在摄影中的应用十分广泛，如婚纱摄影、广告摄影、人像摄影、静物摄影等。

利用背景光营造不一样的环境效果，再用前面的光打亮模特，使其显得更加突出

焦　　距：24mm
光　　圈：F5.6
快门速度：1/125
感 光 度：ISO100

焦　　距：35mm
光　　圈：F5.6
快门速度：1/125
感 光 度：ISO200

利用分别从左右两侧照射过来的冷色和暖色灯光营造很有气氛的场景，通过调节白平衡，可使红色的小汽车颜色得到正常还原

自然光

　　自然光是指日光、月光、天体光等天然光源形成的光线。自然光具有多变性，其造型效果会随着时间的改变而发生变化，主要表现在自然光的强度和方向等方面。

　　由于自然光是人们最熟悉的光线环境，所以在自然光下拍摄的人像照片会让观者感到非常自然、真实。但是，自然光不受人的控制，摄影师只能根据现有条件去适应。

　　虽然自然光不能从光的源头进行控制，但通过寻找物体遮挡或者寻找阴影处使用反射后的自然光，都是改变现有自然光条件的有效方法。风景、人像等多种题材均可以采用自然光拍摄以表现真实感。

晴朗的天气很适合表现少女清新、自然的气质

| 焦　　距：50mm |
| 光　　圈：F11 |
| 快门速度：1/800s |
| 感 光 度：ISO200 |

| 焦　　距：17mm |
| 光　　圈：F8 |
| 快门速度：1/250s |
| 感 光 度：ISO100 |

采用逆光拍摄夕阳景象，将天空云彩的层次和水里的波纹都表现得很细腻

现场光

现场光是指拍摄场景中存在的光线，不包括户外日光和拍摄者配置的人工光。复杂是现场光的重要特征，尤其是城市中的各类光源，会使拍摄场景的光线效果看上去复杂、缭乱。现场光富有情调，看上去极其自然，具有真实感。

但要注意的是，现场光通常在局部位置非常亮，而其他位置又相对很暗，因此在拍摄时，建议使用手动曝光模式，以一定的曝光组合进行拍摄，以免强烈的局部光源对整体的测光结果产生严重的影响，导致拍出的照片出现曝光过度等问题。舞蹈表演、演唱会等题材均可以采用现场光拍摄，以较好地还原现场气氛。

混合光

　　混合光是指人造光与自然光或现场光的混合运用，其中人造光主要用于为拍摄对象补光，而自然光或现场光则是为了保留画面的现场感，避免给人以主体被剥离在画面以外的感觉。

　　例如，在室内现场光源（如灯泡）下，光线可能不够充足，此时最常用的方法就是用闪光灯进行补光，即通过现场光与人造光的混合应用来照亮主体。需要注意的是，使用闪光灯时，通过降低它的输出功率来减弱闪光的强度，也能达到使室内、室外的色温基本一致的目的，不过拍摄结果会让室内环境微微偏色。人像题材常采用混合光拍摄。

焦　　距：135mm
光　　圈：F10
快门速度：1/800s
感 光 度：ISO100

借助现场的灯光效果还原舞台热烈的气氛，根据现场绚丽的灯光来设置相应的白平衡模式，才能正确还原出现场的色彩

在室内拍摄时，除了借助于室内的光线，还可以利用闪光灯为模特进行补光

焦　　距：50mm
光　　圈：F2.8
快门速度：1/250s
感 光 度：ISO100

不同时段自然光的特点

清晨

清晨时段的光线相对较弱、光比较小，在其照射之下景象较为灰暗但无浓重的阴影，多给人以朦胧、宁静、沉稳之感。这个时段的光线以青蓝色调为主，而景物受到阳光照射的部分有一定的品红色，因此拍摄出的照片颜色和谐、生动。此时应以天空的亮度为曝光依据，使天空在画面中呈现为中等明暗的影调，而地面的景物则呈现为剪影或半剪影（剪影部分仍有细部层次）效果。要拍出蓝调天空或剪影效果，可以采用清晨的光线拍摄。

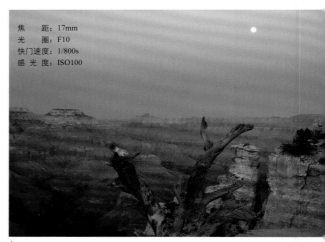

焦 距：	17mm
光 圈：	F10
快门速度：	1/800s
感 光 度：	ISO100

在清晨拍摄的特殊地形，可看出画面整体呈现淡淡的冷调效果，表现出塞外荒无人烟的冷清感

上午

上午九点之前太阳的高度都很低，光线的照射强度不大，不会损失亮部或暗部的细节，很适合拍摄。日出之后，影子的色彩偏深蓝色，带点冷冷的感觉，但直接被太阳照射到的物体，有时候会出现黄色或金色光辉，可以利用这样的色彩对比拍出很有创意的作品。上午柔和的光线适合拍摄人像、风景等题材。

焦 距：	200mm
光 圈：	F4
快门速度：	1/1000s
感 光 度：	ISO100

上午的空气清新，拍摄出来的人像画面也很干净、通透

中午

中午主要是指太阳大约处于上午 60°到下午 120°之间的时段，这一时段光线近似于垂直照射在地面的景物之上，多接近于顶光照射，且光线多为硬光，在其照射之下景象在画面中会呈现出较为明朗的影调和较为饱和的色彩，但同时也会出现少量浓重的阴影。尤其在拍摄人像时，会在模特的面部留下难看的阴影，因此在中午拍摄人像时，最好采用遮阳设备或在树荫下拍摄。但如果要表现树冠、圆形建筑等题材时，则适合采用中午时段的光线拍摄。

通过遮阳伞下面的阴影可看出照片是在中午拍摄的，虽然正午通常光线很充足，但是摄影师利用大面积的蓝色天空给人一种清爽的感觉

焦　　距：	135mm
光　　圈：	F13
快门速度：	1/1000s
感 光 度：	ISO100

下午

下午的阳光让人感到柔和舒适，光线相对于中午变得更加柔和，适合各种景物的拍摄，拍出的作品也同样给人一种温暖的感觉。人像、风景等题材均适合采用下午的阳光拍摄。

焦　　距：	200mm
光　　圈：	F5
快门速度：	1/250s
感 光 度：	ISO400

➤ 从画面中可看出光线很柔和，嫩绿的树叶营造的环境衬托着少女，画面显得清新、自然

黄昏

在黄昏时段光线的照射下，景物呈现为柔和的暖调效果，由于此时大气中的尘埃、烟雾较多，常使远处景物的影调变淡，因此画面有较好的空气透视效果。夕阳、晚霞等题材是黄昏时段光线的典型应用，另外，在黄昏拍摄建筑时，可将其呈现为剪影或半剪影效果。

焦　　距：135mm
光　　圈：F8
快门速度：1/250s
感光度：ISO100

对准天空测光，将竹亭处理成剪影效果，金黄的天空与黑色的剪影将黄昏宁静的氛围表现得淋漓尽致

焦　　距：18mm
光　　圈：F8
快门速度：1/60s
感光度：ISO100

画面下方笼罩在暖调光线中的城市与上方冷调的天空形成鲜明的对比，由于曝光合适，画面中两种颜色的过渡也很自然

夜晚

　　在夜晚拍摄时，由于景物受到各种颜色照明灯光的影响，拍出照片的色彩往往显得更加丰富、艳丽，如果选择天空作为背景，应该通过测光或构图表现出天空的层次，即使天空没有云彩，也应该把建筑物衬托在微弱发亮的天空上，而不是将天空拍成一片黑色。城市夜景、车灯轨迹、星轨、月亮、烟火等题材都需要采用夜间弱光拍摄。

使用略小的光圈可以使背景不会漆黑一片，闪光灯发出的柔和光线不仅可以打亮人物，也不会使画面显得过于生硬

不同方向光线的特点

顺光

顺光也叫做"正面光"，是指光线的投射方向和拍摄方向相同的光线。在这样的光线照射下，被摄体受光均匀，景物没有大面积的阴影，色彩饱和，能表现丰富的色彩效果。但由于没有明显的明暗反差，所以对于层次和立体感的表现较差。但用顺光拍摄女性、儿童题材时，可以将其娇嫩的皮肤表现得很好。

➤ 从画面中可以看出身穿白纱的新娘脸上没有厚重的阴影，整个画面的影调也很清新、淡雅

焦　　距：135mm
光　　圈：F2.5
快门速度：1/800s
感光度：ISO100

侧光

侧光是摄影中最常用的一种光线，侧光光线的投射方向与拍摄方向所成的夹角大于0°而小于90°。采用侧光拍摄时，被摄体的明暗反差、立体感、色彩还原、影调层次都有较好的表现。其中又以45°的侧光最符合人们的视觉习惯，因此是一种最常用的光位。侧光很适合表现山脉、建筑、人像的立体感。

焦　　距：24mm
光　　圈：F8
快门速度：1/500s
感光度：ISO100

云彩在侧光的照射下立体感很强，画面的层次很细腻

前侧光

前侧光是指光线投射方向与镜头光轴方向成水平45°左右夹角的光线。在前侧光的照射下，被摄对象的整体影调较为明亮，但相对顺光光线照射而言，其亮度较小，被摄对象部分受光，且有少量投影，对于其立体感的呈现较为有利，有利于使被摄对象形成较好的明暗关系，并能较好地表现出其表面结构和纹理的质感。使用前侧光拍摄人像或风光时，可使画面看起来很有立体感。

焦　　距：85mm
光　　圈：F10
快门速度：1/125s
感 光 度：ISO100

→ 模特的面部不仅很有立体感，由于大面积受光也使模特的皮肤看起来很白皙

逆光

逆光也叫做背光，是指光线照射方向与拍摄方向正好相反的光线，因为能勾勒出被摄物体的轮廓，所以又被称为轮廓光。采用逆光拍摄时，需要对被摄对象进行补光，否则拍出照片的立体感和空间感将被压缩，甚至呈现为剪影。逆光常用来表现人像、山脉、建筑的剪影效果，采用这种光线拍摄有毛发或有半透明羽翼的昆虫时，能够形成轮廓光，以便更好地衬托被摄主体。

在逆光拍摄夕阳景象时，纳入一些人的剪影可丰富画面元素，也使夕阳景象变得很生动

焦　　距：35mm
光　　圈：F8
快门速度：1/1000s
感 光 度：ISO800

侧逆光

　　侧逆光是指光线投射方向与镜头光轴方向成水平135°左右夹角的光线。由于侧逆光无需直视光源，摄影师可以更加轻松地考虑如何避免眩光的出现，同时，曝光控制也要容易一些，侧逆光照明产生的投影形态是画面构图的重要视觉元素之一。

　　投影的长短既可以表现时间概念，还可以强化空间立体感并均衡画面。在侧逆光照射之下，景象往往会形成偏暗的影调效果，多用于强调被摄体外部轮廓形态，同时也是表现物体立体感的理想光线。侧逆光常用来表现人像、山脉、建筑等题材的轮廓。

焦　　距：85mm
光　　圈：F2
快门速度：1/800s
感 光 度：ISO100

后侧方照射来的光线将模特的头发染成一缕好看的金黄色，为了提亮模特面部可使用反光板进行补光

顶光

　　顶光是指照射光线来自于被摄体的上方，与拍摄方向成90°夹角，是戏剧用光的一种，在摄影中单独使用的情况不多。尤其在拍摄人像时，会在被摄对象的眉弓、鼻底及下颌等处形成明显的阴影，不利于表现被摄人物的美感。顶光常用来表现树冠和圆形建筑的立体感。

在顶光的照射下可以看出模特的眼睛、鼻子、颧骨下都有明显的阴影

焦　　距：135mm
光　　圈：F4
快门速度：1/1250s
感 光 度：ISO100

稍微低一下头就可以避免在脸上留下阴影

第06章

Canon EOS 60D
高手实战完美构图攻略

焦　　距：50mm
光　　圈：F13
快门速度：1/60s
感 光 度：ISO100

抓住第一眼的感觉

在面对拍摄对象时，往往第一感觉非常重要，对于拍摄者而言，一定要抓住第一感觉中最让您兴奋的点进行表现。例如，对于风光摄影而言，这个兴奋点可能是秋染山林的万山红遍，也可能是一棵枯藤老树的外形轮廓；可能是夕阳掠下的斜斜光线，也可能是海浪推沙形成的有趣图案。

有些摄友面对拍摄对象时往往左顾右盼，思考很久还是感觉难以下手，就是因为没有找到第一感觉，被眼花缭乱的拍摄现场搞得无所适从。

找到第一感觉后，要根据想要表现的主体对画面进行构图。如果想表现主体的色彩，就要遵循色彩配置的原则来安排主体与陪体的色彩关系；如果想表现主体的形状，则要按照构图的法则安排好主体与陪体间的位置关系；如果要表现气势恢宏的大景，就要通过各种手法为画面确定正确比例以及突出其空间感、透视感。

焦　距：23mm
光　圈：F7.1
快门速度：40s
感光度：ISO500

天空中布满了红霞，水面上弯曲的波纹也被染上了霞光，看上去极其美丽，摄影师面对这一景象时，毫不犹豫地按下了快门

利用主体画龙点睛

　　绘画中讲究"画龙点睛"，同属于画面视觉艺术的摄影也是如此，即在画面关键的位置安排主体可以使作品更加传神、突出。例如，湛蓝天空中的一行归雁，山村农舍中升起的袅袅炊烟，金色油菜花田中的红衣农妇，如果把这些突出、亮丽的元素安排在画面最醒目的位置，就会成为画面中的点睛之笔；反之，如果画面中缺少这些要素，就会失去趣味中心，自然就显得平淡无奇了。

　　在画面中能够起到点睛作用的物体一般具有如下特点。

● 体积较小：如果主体占据的画面面积过大，反而起不到点睛的作用。

● 色彩突出：主体的色彩要与整个画面的基调色彩形成对比，如果颜色不够突出，应尝试从明暗或背景方面进行区分。

● 位置最佳：起到点睛效果的主体最好放在画面黄金分割的 4 个最佳视点上。

傍晚的云霞铺满天空，异常绚丽，狗儿和它主人的剪影成为了画面的视觉中心，使整个画面生动起来

焦　　距：7mm
光　　圈：F4.5
快门速度：1/80s
感 光 度：ISO200

利用留白使画面更显灵动

"画留三分空，生气随之发"，中国画如此，摄影亦是如此。我们在欣赏摄影佳作时，经常会见到被摄主体只占较少的面积，而留有大片单一的浅白或深灰色调空间的作品，采用这种布局形式的画面往往具有抒情和写意的风格，空灵之中独具意境。

要获得这种画面效果，可以采用仰视角度拍摄。例如，在拍摄一排树木时，往往以大面积的天空为背景，而将树木置于画面的最下端，以便在画面中留出大面积的空白，从而突出画面幽远的意境，使画面倍显辽阔、空灵。当然，也可以采用俯视角度拍摄。例如，以大面积的绿草为背景，将群羊置于画面的最上端，给画面留出很大的空间，也能凸显画面的深远和广阔。

这种大面积的空白不但不会使画面显得很空，反而蕴含着无法言喻的悠远意境，如同中国山水画中的留白一样，惹人遐思。由于画面中的空白多于实景，因此画面中占有较小面积的景物在色彩、形状、质感等方面都应具有很强的视觉冲击力，只有这样才能避免画面过于平淡无趣。

↖ 整个画面被金色的夕阳笼罩，只有几艘船的剪影，留白的地方使画面变得很有意境

焦　　距：135mm
光　　圈：F6.3
快门速度：1/200s
感 光 度：ISO200

均衡的画面给人以平衡与稳定的视觉感受

　　世界上的绝大多数物体给人的感觉是平衡、对称的，例如人的身体、蝴蝶的翅膀、八仙桌、国家大剧院建筑等。

　　在观赏摄影作品时，欣赏者也会从潜意识中希望画面是平衡的，从而获得舒适的心理感受。

　　但由于摄影作品是二维静止的有限画面，因此要使画面呈现出平衡、对称的效果是比较困难的，必须通过一定的摄影手法使画面看上去是均衡的。

　　这种均衡实际上依托于画面景物的视觉质量，例如，深色的景物感觉重，位于画面下方的物体感觉重，近处的景物感觉重，有生命的物体感觉重，等等。

　　通过构图手法，合理安排不同视觉质量景物的位置，就能够使画面感觉是均衡的，从而使欣赏者获得平衡、稳定的视觉感受。

焦　　距：24mm
光　　圈：F10
快门速度：1/200s
感光度：ISO200

近处的石块由于透视变得很大，而远处的土丘则在画面中显得很小，这样的大小对比在视觉上会使人感觉很舒服，很符合人的视觉习惯

利用简约的画面突出主题

　　摄影和绘画不同，就构图和取景而言，绘画中表现景物往往用加法，用颜色一笔一笔在白纸上画上美的景物；而摄影则是用减法，需要想方设法避开杂乱无章的景物，然后再将主体摄入画面，因此，要想拍出简约的画面效果，就要掌握和运用好减法。

　　只有简约的画面，才能够使欣赏者的视线集中在画面主体上，心无旁骛地理解摄影师要表达的主题。

　　如果能够做到以下两点，就能够拍出这样的好照片。

　● 精选主体和陪体，避开周围一切与主体无关的景物。

　● 选择和处理好背景，通过选择视角或其他摄影手法使背景尽可能简洁、单纯。

焦　　距：200mm
光　　圈：F4
快门速度：1/2000s
感光度：ISO200

→ 利用长焦镜头并配合大光圈拍摄，得到背景虚化的画面，使蜻蜓在画面中显得很突出，画面简洁、明了

摄影中的视觉流程

什么是视觉流程

在摄影作品中，摄影师可以通过构图技术，引导观者的视线在欣赏作品时跟随画面中的景象由近及远、由大到小、有主及次地欣赏，这种顺序是基于摄影师对画面构图元素的理解，并以此为基础将画面中各元素安排为主次、远近、大小、虚实等的变化，从而引导欣赏者第一眼看哪儿，第二眼看哪儿，哪里多看一会，哪里少看一会，这实际上也就是摄影师对摄影作品视觉流程的规划。

一个完整的视觉流程规划，应从选取最佳视域、捕捉欣赏者的视线开始，然后是视觉流向的诱导、流程顺序的规划，最后到欣赏者视线停留的位置为止。

马儿由远及近将观者的视线引向远方，也增加了画面的空间感

焦　　距：35mm
光　　圈：F6.3
快门速度：1/800s
感 光 度：ISO200

利用光线规划视觉流程

高光

创作摄影作品时，可以充分利用画面中的高光，将观者的视线牢牢地吸引住。例如，在拍摄人像特写时，可以使用眼神光。金属器件、玻璃器皿、水面等也都能够在合适的光线下产生高光。

如果扩展这种技法，可以考虑采用区域光（也称局部光）来达到相同的目的。例如，在拍摄舞台照片时，可以捕捉追光灯打在主角身上，而周围比较暗的那一刻。在欣赏优秀风光摄影作品时，也常见几缕透过浓厚云层的光线照射在大地上，从而形成局部高光的佳片，这些都足以证明这种拍摄技法的有效性。

远处的夕阳亮光是画面的视觉中心，吸引着观者的注意力

暗角

使用广角镜头或鱼眼镜头拍摄景物时，画面的四周会出现明显的暗角，这些暗角虽然在一定程度上影响了画面的美观，但暗角的出现却强迫观者将注意力集中在画面的中心位置。

所以，当我们需要将视线集中在画面中心时，可以采用这种技法来达到目的。除了使用器材外，在后期处理时，还可以通过在 Photoshop 中将画面四周亮度降低的方法来为照片四周快速添加暗角。

画面中的暗角使画面看起来纵深感更强

光束

由于空气中有很多微尘，所以光在这样的空气中穿过时会形成光束。例如，透过玻璃从窗口射入室内的光线、透过云层四射的光线、透过树叶洒落在林间的光线、透过半透明顶棚射入厂房内的光线、透过水面射入水中的光线等都有明确的指向，利用这样的光线形成的光束能够很好地引导观者的视线。

如果在此基础上进行扩展，使用慢速快门拍摄的车灯形成的光轨、燃烧的篝火中飞溅的火星形成的轨迹、星星形成的星轨等都可以归入此类，在摄影创作时都可以加以利用。

天空中的束光在暗背景的衬托下显得更加明显

利用线条规划视觉流程

线条是规划视觉流程时运用最多的技术手段，按照虚实可以把线条分为实线与虚线。此外，根据线条是否闭合，可将其分为开放线条与封闭线条。

视线

当照片中出现了人或动物时，观者的视线会不由自主地顺着人或动物的眼睛或脸的朝向观看，实际上这就是利用视线来引导观者的视觉流程。

在拍摄这类题材时，最好在主体的视线前方留白，不但可以使主体得到凸显和表达，还可以为观者留下想象空间，使作品更耐人寻味。

```
焦    距：200mm
光    圈：F4
快门速度：1/800s
感 光 度：ISO200
```

➤ 模特眼神望向画面一侧，将观者的视线也引向画面外，留下想象空间

虚线

大多数虚线线条在画面中并非实际存在，而是隐含在画面中的，线条感并不十分明显。

富有经验的摄影师可以利用画面中若隐若现的"虚线"，将那些看起来似乎杂乱无章的线条有序地组织起来，使画面既有良好的视觉效果，又可以很好地引导观者的视线。

例如，当画面中出现一个箭头或有指向的手指时，其指向的方向就能够形成一条虚线，从而将观者的注意力引向指着的方向。

如果扩展这种思路，实际上画面中任何有运动方向的元素，如散步的人、奔跑的动物、一串脚印等，都能将观者的视线导向有运动趋势的虚线方向。

↙ 利用雪地上的脚印为引导线将观者的视线引向远处夕阳下的剪影大树

```
焦    距：17mm
光    圈：F8
快门速度：1/400s
感 光 度：ISO200
```

景物线条

任何景物都有线条存在，例如，无论是弯曲的道路、溪流，还是笔直的建筑、树枝、电线杆，都会在画面中形成有指向的线条。这种线条不仅可以给画面带来形式美感，还可以引导观者的视线。

焦　　距：26mm
光　　圈：F11
快门速度：1/125s
感 光 度：ISO100

↑ 阶梯两旁的护栏将观者视线引向画面的上方，同时也加强了画面的空间感

画框

前面讲述的各种线条都是开放的线条，而画框则是一个封闭的线条，利用这个封闭的线条，能够有效地收拢观者的视线，使画面主体更加清晰和突出，从而使观者的视线被牢牢锁定在画面主体上。

➔ 利用建筑作为画框表现远处的大桥，可以减少杂物干扰画面，使大桥在画面中显得更突出

焦　　距：24mm
光　　圈：F13
快门速度：1/800s
感 光 度：ISO100

黄金分割构图

　　黄金分割是公元前 6 世纪由古希腊数学家毕达哥拉斯发现的数学比例关系，其数学解释是将一条线段分割为两部分，可使其中一部分与全长之比等于另一部分与这部分之比，其比值的近似值是 0.618。由于此比例是最能让人感到视觉美感的比例，因此这一比例被称为黄金分割。

　　黄金分割比例也可以通过一个正方形推导出来，将正方形底边分成二等分，取中点 X，以 X 为圆心、线段 XY 为半径画圆，其与底边直线的交点为 Z 点，这样将正方形延伸为一个比率为 5 ： 8 的矩形，Y 点即为黄金分割点，即 a ： c＝b ： a＝5 ： 8。

　　黄金分割法是已经被绘画等艺术形式证明了的美学定律，采用这种构图方法能使画面看起来更舒适、和谐。

　　在摄影中运用黄金分割规律来构图时，可以使画面更有形式美感，主要表现在以下 3 个方面。

● 用于确定画幅比例，如竖画幅的高 8 与宽 5 或横画面的高 5 与宽 8。

● 确定地平线或水平线的位置，如构图时让水面在画面中占 5、天空占 8，或水面占 8、天空占 5，两种视觉效果各不相同。

● 用于确定主体在画面中的视觉位置。

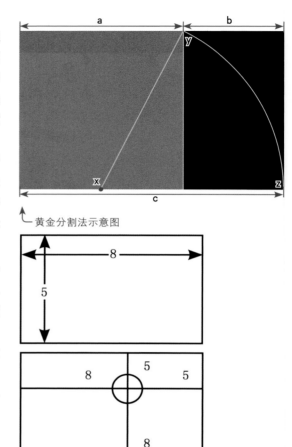

黄金分割法示意图

将树枝上的小鸟放在画面的黄金分割处，这样在视觉上感觉很舒服

焦　　距：300mm
光　　圈：F5.6
快门速度：1/800s
感 光 度：ISO800

经典构图方法

水平线构图

水平线构图是指通过构图手法使画面中的主体景物呈现为一条或多条水平线的构图方法。根据水平线位置的不同，可分为低水平线构图、中水平线构图和高水平线构图，常用于表现无垠的天空、辽阔的大海、宽广的草原等。

高水平线构图

指画面中主要水平线的位置在画面靠上 1/4 或 1/5 的位置，重点表现水平线以下部分，例如大面积的水面、地面等。

```
焦　　距：24mm
光　　圈：F10
快门速度：1/30s
感光度：ISO200
```

➤ 将水平线放在画面上方，利用较大面积表现了沙滩上的壮美景色

中水平线构图

指画面中的水平线居中，以上下对等的形式平分画面，采用这种构图形式的目的通常是为了拍摄到上下对称的画面。

```
焦　　距：17mm
光　　圈：F11
快门速度：1/10s
感光度：ISO100
```

➤ 对称的画面不仅丰富了画面元素，也使画面有种均衡美

低水平线构图

指画面中主要水平线的位置在画面靠下 1/4 或 1/5 的位置，采用这种水平线构图的目的是为了重点表现水平线以上部分，例如大面积的天空。

➤ 压低水平线，利用较大的面积将金色天空中云彩的层次表现得很细腻

```
焦　　距：16mm
光　　圈：F13
快门速度：1/400s
感光度：ISO200
```

垂直线构图

与水平线构图类似，垂直线构图能使画面在上下方向产生视觉延伸感。垂直的线条本身就给人一种挺拔、纤细、高高在上的感觉，为了获得和谐的画面效果，线条的分布与组成就成为不得不考虑的问题。

需要注意的是，在安排垂直线时，不要让它割裂画面。垂直线构图是拍摄树林和高大建筑时常采用的构图形式。

↑ 垂直线构图很好地突出了树木笔直的特点

斜线构图

斜线构图是指利用景物的形态及空间透视关系，将主体以斜向线条呈现的构图形式。

斜线构图可以给人一种不安定的感觉，但却动感十足，使画面整体充满活力且有延伸感。对角线构图是斜线构图的一种极端形式，用于表现单枝的花卉时，能够体现其向上的生长感；如果用于表现运动的对象，则能够增强其动感。

↑ 利用斜线构图表现单枝的梅花，画面不会显得呆板

曲线构图 （含 S 形、C 形构图）

曲线构图是指使画面主体呈现曲线形状，从而使画面获得视觉美感和稳定感的一种构图形式。特别是在风景照片中，曲线能给画面增添圆润与柔滑的效果，使画面充满动感和趣味性。常见的曲线构图形式有 S 形构图和 C 形构图。

S 形构图是指使画面主体呈现 S 形曲线的构图形式，其更加富有变化，画面通常显得很优美。S 形构图的视觉效果通常要比直线构图更生动，常用于表现柔美的女性、海岸线、蜿蜒的河流等。

C 形构图不但具有曲线美，而且能够产生变异的视觉焦点，使画面更加简洁。将主体安排在 C 形的缺口处，使观者的视线很容易聚焦于主体对象。在采用 C 形构图时，可根据拍摄题材和画面内容的不同，改变 C 形开口的方向。

➡ S 形构图很好地表现了女性身体的曲线美

焦　　距：200mm
光　　圈：F6.3
快门速度：1/800s
感 光 度：ISO200

折线构图（含 L 形、Z 形构图）

顾名思义，折线构图是指画面中的主体呈折线形状的构图形式，常见的折线构图形式有 L 形构图、Z 形构图等。折线构图常用来表现建筑结构等。

使用 L 形构图时，画面中的构图元素不要太多，最好让画面中留有一定的空间，这样才更有利于突出主体及表现主题，而画面的视觉重点或焦点，最好安排在 L 形空间的空白区域，从而使 L 形起到画框的作用。

Z 形构图也是一种可以使画面呈现动感的构图方式，并且 Z 形构图也具有一定的方向性，可以起到引导视线走向的作用。

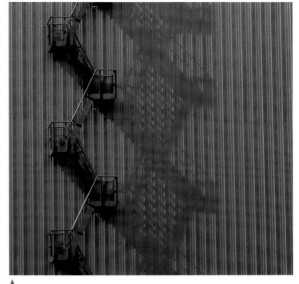

Z 形构图突出了现代建筑的几何感

框式构图

框式构图是指借助于被摄物自身或者被摄物周围的环境，在画面中制造出框形的构图方法。在拍摄时，可以借助前景的树、窗户、门、栅格等对象来形成画面中的或规则或不规则的画框，在拍摄山脉、建筑、人像时常用这种构图形式。

利用蓝墙上木头门框形成框式构图，稍微增加曝光补偿可使女孩子显得很白皙，画面呈现出一种青春活力

焦　距：50mm
光　圈：F6.3
快门速度：1/1000s
感光度：ISO200

十字形构图或交叉式构图

十字形常给人以向四面延伸的视觉效果，在拍摄时可以以十字状的被摄对象或者选取特殊的错位视角拍摄，使被摄对象呈"十"字状，由于此构图形式使人的视觉重点最终落在十字相交点上，因此在构图时应将视觉重点安排在这一点上。

焦　距：25mm
光　圈：F10
快门速度：1/200s
感光度：ISO200

天空中的太阳倒映在海面上，与水平线构成十字形构图，画面感觉很平稳

三角形构图

三角形形态能够带给人向上的突破感与稳定感，将其应用到构图中，能够获得稳定、安全、简洁、大气的画面效果。在实际拍摄中会遇到多种三角形构图形式，例如正三角形构图、倒三角形构图、侧三角形构图等。

正三角形构图

正三角形相对于倒三角形来讲更加稳定，能够带给人一种向上的力度感，在着重表现高大的三角形对象时，更能体现出其磅礴的气势，是拍摄山峰常用的构图形式。

→ 三角形的铁塔在画面中看起来很有稳定感

倒三角形构图

倒三角形在构图中的应用较为新颖，相比正三角形构图而言，倒三角形构图的稳定感不足，但更能体现出一种不稳定的张力，一种视觉以及心理上的压迫感。拍摄集体照时，可利用此构图方式表现一种活泼的气氛。此外，在拍摄树木时，如果能够找到形成倒三角空间的树杈，也可以采用该构图形式拍摄。

→ 树干的倒三角形构图给人一种很强的不稳定感

侧三角形构图

侧三角形构图在画面中可以形成具有势差的斜线，能够打破画面的平淡和静止状态，强调画面中产生势差的上方与下方的对比，从而在画面视觉中形成一种不稳定的动感趋势。在采用这种方式构图时，通常可以在画面中安排一些特别的元素，以打破三角形的整体感，使画面显得更灵活。在拍摄成排的树木及大桥夜景等景物时，常采用这种构图方式。

→ 利用侧三角表现大桥不仅可以使其更有气势，还可以增强画面的纵深感

第 07 章

Canon EOS 60D
高手实战二次构图攻略

焦　　距：100mm
光　　圈：F14
快门速度：1/800s
感 光 度：ISO400

什么是二次构图

在数码摄影时代，由于不用考虑摄影底片的成本问题，这就导致许多摄影爱好者随见随拍，这样拍出来的照片有很大一部分不存在审美价值，但也不能全盘否定，有一些照片经过裁切和处理后就能成为一张佳片。因此，在数码摄影时代，如果不掌握通过裁切再构图的手法，就会丧失大量出片的机会。

二次构图是指通过后期裁剪处理对画面进行取舍后，使其构图更美观或更符合审美要求的操作。

由于再构图是在原画面的基础上进行的裁剪操作，因此再构图操作只会减少原画面的元素，绝无增加的可能，这实际上也符合摄影被称为减法艺术的特点。

进行二次构图的客观原因

摄影二次构图的客观原因主要有以下两条。

其一，当摄影师无法靠近被摄对象，或所处的位置不理想时，往往会导致拍摄出来的照片陪体过多、过杂，主体不显著、不突出，因此需要通过裁剪进行二次构图。

其二，摄影是瞬间的艺术，许多精彩瞬间十分短暂，稍纵即逝，此时绝大多数摄影师无法顾及摄影构图，只求能够先将精彩瞬间记录下来，然后再通过后期处理对画面进行美化，这其中就包括裁剪操作。

焦　　距：50mm
光　　圈：F13
快门速度：1/1000s
感 光 度：ISO400

这幅照片拍摄的是我国少数民族以传统工具纺布的工作场景，拍摄时周围的游客密集，因此取景角度、构图都无法精雕细琢，画面右上方的黑色人腿显得比较突兀。但在后期处理时，通过二次构图将其裁掉之后，照片的主体看上去更加突出了

二次构图的先决条件

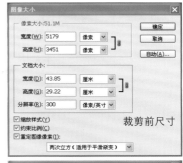

目前，许多数码相机都能够达到 2000 万左右的有效像素，因此当摄影师以 RAW 格式拍摄、保存照片时，即使再构图时将照片裁切一半，整个照片的像素量也能够达到 1000 万左右，这样的像素量已经能够满足绝大多数应用场合的要求。

裁剪前尺寸

例如，一张横画幅的照片，裁剪前可使用 Photoshop 的"图像大小"命令查看照片尺寸，在分辨率为 300 像素 / 英寸的情况下，其尺寸为 43.85 厘米 × 29.22 厘米，由于该照片要用作杂志封面，因此按封面尺寸进行了裁剪，裁剪后其分辨率仍然能够达到印刷要求的 300 像素 / 英寸。

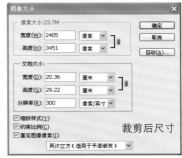

由此不难看出，要进行二次构图，特别是二次构图后的照片要用于印刷或大屏幕演示，照片的尺寸是比较关键的要素。

裁剪后尺寸

通过裁剪将横画幅修改为竖画幅，使照片可以作为杂志或书籍封面、内页竖幅用图

二次构图的典型应用

通过二次构图可以达到以下目的。

① 改进画幅形式，将横画幅的照片改变为竖画幅，或将竖画幅照片改变为横画幅。

② 将一张多焦点的照片裁切为多张照片。

③ 裁掉画面中的多余景物，可以去除画面中的杂物，如多余的人、物。

④ 使画面主体更加鲜明、突出，通过裁切操作，可以使主体处在黄金分割点上，或更加居中的位置，从而使其更加突出。

⑤ 使画面的细节得到更直接的表现，可以通过裁切放大原本在画面较远处的图像细节，使之更突出。

⑥ 使画面景物在视觉上得到无限延伸，通过再构图可以裁切掉垂直线构图照片上方的空白区域，使画面在垂直方向得到延伸。

⑦ 改变构图形式，例如，可以通过裁剪将水平方向运动的物体，改变为斜线构图，从而增强其动感。

利用二次构图改变画幅

我们可以把一幅像素量足够大的横画幅照片裁切成为竖画幅的画面，反之亦然。

为了将横画幅照片改变为竖画幅，在画面中选择了一个竖向区域。在选择时重点考虑了画面的前景、中景与背景能够相互衬托，使竖画幅照片的空间感与透视感较强

将竖画幅照片修改为横画幅时，由于裁切后照片的宽度不可能大于原照片的宽度，因此需要在垂直方向上对画面的焦点位置进行重点考虑。本例中为了同时照顾天空与地面的细节，裁切后采用了中间水平线构图法

利用二次构图使画面更简洁

　　曾有摄影家这样说，你拍得不够好，是因为你靠得不够近。其言外之意，是指由于摄影师距离被摄对象太远，因此除非用长焦镜头以特写的景别拍摄，否则都可能出现所拍摄的画面显得杂乱、不够简洁的情况。

　　实际上，由于摄影师在取景时受到拍摄距离、镜头、场地等条件的限制，画面中出现多余的天空、地面、树枝、栏杆、廊柱等元素的情况很常见，但通过二次构图即可轻松将其去除，得到主体突出、画面简洁的照片。

此照片用 Canon EOS 60D 拍摄，且拍摄时以 RAW 格式保存，因此像素总量达到了 1800 万。拍摄时由于取景的关系，画面的前方出现了粗大的廊柱，为了使画面更简洁、人物更突出，在后期处理时，针对人像进行了裁切，裁切后人物的头部被安排在画面的黄金分割点位置，从而使模特的面部能够更吸引观者的目光

二次构图之多焦点裁剪技巧

对于那些有庞大的场景、丰富的画面元素的照片而言，通过裁切可以从画面中分离出有不同趣味中心的照片，从而形成多张构图、画面重点不同的作品。这个操作过程，实际上是将一些陪体或非趣味中心的元素上升为主体或趣味中心的过程，是一个仁者见仁、智者见智的方法。

采用上述方法进行裁剪处理要有一个前提，即照片的景深应较大，照片中的绝大部分景物都是清晰的，否则裁切后得到的照片可能看上去会类似于对焦不实的失败作品。

本例展示的照片采用 Canon EOS 60D 拍摄，且拍摄时以 RAW 格式保存，因此像素总量达到了 1800 万。另外，在拍摄时，由于摄影师采用了超焦距技术，因此画面中的各个元素都非常清晰。这两点确保了照片在进行多重裁切后，能够分离出多张清晰的照片

此处仍以 Canon EOS 60D 拍摄的 1800 万像素的照片为例，选择不同的着眼点，进行二次构图后会得到不同的画面效果

通过二次构图为画面赋予新的构图形式

利用裁切手法可以改变照片的构图形式，例如将中心式构图改变为黄金分割构图，或将水平线构图改变为斜线构图等。下面虽然只列举了两个实例，但希望各位读者能够举一反三，在创作中灵活运用二次构图的理念，将画面改变为不同的构图形式。

封闭式构图变为开放式构图

开放式构图给人意犹未尽、"画外有话"的感觉，通过裁切的方法，可以轻松地将一个封闭式构图照片改变为开放式构图，操作时要注意裁切的局部要有代表性与美感。

通过裁切使蝴蝶的脉络成为画面的表现重点，同时画面也呈现出一种残缺的美感

居中式构图变为黄金分割构图

采用居中式构图拍摄的主体有时会略显呆板，如果画幅足够大，完全可以通过裁剪将此构图形式转变为黄金分割构图，将主体移至画面的黄金分割点上，从而使画面更显生动，看起来更舒服。

通过裁切将原本位居中间位置的花朵移至画面的黄金分割点上，画面更符合视觉美学规律

第 08 章

Canon EOS 60D
自然与城市风光摄影
高手实战攻略

焦　　距：173mm
光　　圈：F11
快门速度：1/125s
感 光 度：ISO100

山峦摄影实战攻略

　　山峦是风光摄影中的重要题材之一，拍摄时可以选择有名的山，像国内的泰山、黄山、庐山、五台山等都是不错的选择，其中尤其以云雾黄山最容易出水墨感觉的佳作，而泰山日出、雾中庐山……都是不容错过的佳景。

　　虽然，每个名山景区都有最佳的旅游时间，但对于摄影而言，不同季节的山景各有看点，秀气的山、苍凉的山、灵气的山……可根据需要选择不同季节进行拍摄。

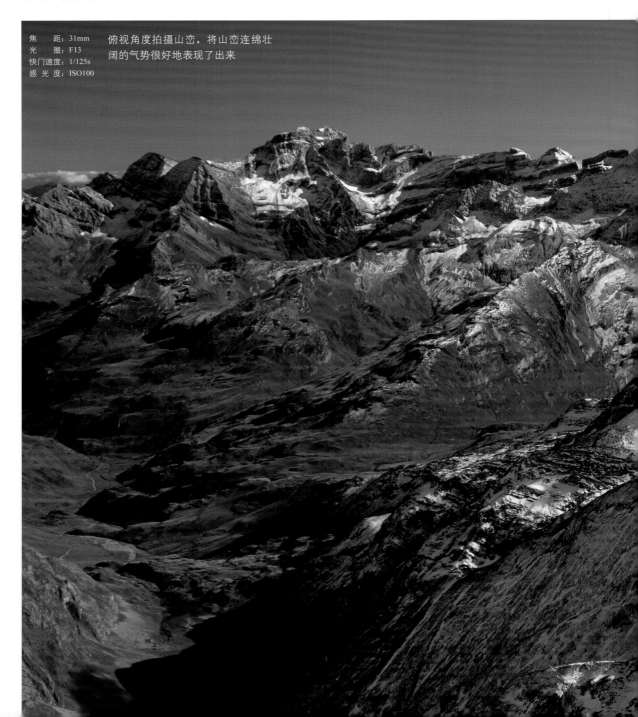

焦　　距：31mm
光　　圈：F13
快门速度：1/125s
感光度：ISO100

俯视角度拍摄山峦，将山峦连绵壮阔的气势很好地表现了出来

不同角度表现山峦的壮阔

拍摄山峦最重要的是要把雄伟壮阔的整体气势表现出来。"远取其势，近取其貌"的说法非常适合拍摄山峦。要突出山峦的气势，就要尝试从不同的角度去拍摄，如诗中所说"横看成岭侧成峰，远近高低各不同"，所以必须寻找一个最佳的拍摄角度。

采用最多的拍摄角度无疑还是仰视，以表现山峦的高大、耸立。当然，如果身处山峦之巅或较高的位置，则可以采取俯视的角度表现一览众山小之势。另外，平视也是采用较多的拍摄角度，采用这种视角拍摄的山峦比较容易形成三角形构图，从而表现其连绵起伏的气势和稳重感。

采用仰视角度拍摄，配合三角形构图，使画面中的山脉看起来高耸、有气势

焦　距：300mm
光　圈：F13
快门速度：1/320s
感光度：ISO200

用云雾衬托出山脉的灵秀之美

山与云雾总是相伴相生，各大名山的著名景观中多有"云海"，例如黄山、泰山、庐山，都能够拍摄到很漂亮的云海照片。云雾笼罩山体时，其形体就会变得模糊不清，在隐隐约约之间，山体的部分细节被遮挡，在朦胧之中产生了一种不确定感，拍摄这样的山脉，会使画面产生一种神秘、缥缈的意境。此外，由于云雾的存在，使被遮挡的山峰与未被遮挡部分产生了虚实对比，从而使画面更具欣赏性。

● 如果只是拍摄飘过山顶或半山的云彩，只需要选择合适的天气即可，高空的流云在风的作用下，会与山产生时聚时散的效果，拍摄时多采用仰视的角度。

● 如果以蓝天为背景，可以使用偏振镜，将蓝天拍摄得更蓝一些。

● 如果拍摄的是乌云压顶的效果，则应该注意做负向曝光补偿，以对乌云进行准确曝光。

● 如果拍摄的是山间云海的效果，应该注意选择较高的拍摄位置，以至少平视的角度进行拍摄，在选择光线时应该采用逆光或侧逆光拍摄，同时注意对画面做正向曝光补偿。

袅袅的云雾衬托着深色的山体，显得很有神秘感，也带着些灵气，而这正是摄影师采用相衬的手法取得的效果

焦　距：	200mm
光　圈：	F11
快门速度：	1/250s
感光度：	ISO100

利用斜线构图营造山脉的韵律感

除了少数过于陡峭的山脉外，大多数山脉都有或急或缓的棱线，在构图时可以利用这些棱线以斜线构图的形式来拍摄山体，拍摄时应该注意山体斜线在画面中的位置、长短，从而使画面中的山脉有或急、或缓、或上升、或下降的势差感。

可以用长焦镜头从山体上截取层叠的斜线，使画面看上去层层叠叠；也可以用广角镜头拍出更广阔的画面，使山体的线条在画面中更连续、流畅。

除了山脉固有的斜线外，由于不同的光线角度会在山上形成不同明暗区域分界线，这种线条也可以作为画面元素，在构图时应着重考虑。

焦　距：	24mm
光　圈：	F13
快门速度：	1/500s
感光度：	ISO200

摄影师根据山坡上的树木与雪山的走向采用斜线构图进行拍摄，使山体看起来有种向上的趋势，以蓝天为背景，画面给人很纯净的感觉

用前景衬托展现山峦的季节之美

在不同的季节里，山峦会呈现出不一样的景色。春天的山峦在鲜花的簇拥之中，显得美丽多姿；夏天的山峦被层层树木和小花覆盖，显示出了大自然强大的生命力；秋天的红叶使山峦显得浪漫、奔放；冬天山上大片的积雪又让人感到寒冷和宁静。可以说四季之中，山峦各有不同的美感。

因此，在拍摄山脉时要有意识地在画面中安排前景，配以其他景物如动物、树木等作为陪衬，不但可以借用四季的特色美景，使画面显得有立体感和层次感，而且可以营造出不同的画面气氛，增强作品的表现力。例如，可以根据当时拍摄的季节，将树木、花卉、动物、绿地、雪地等景物安排成为前景。

前景中的绿草地不仅美化了画面，还能让人很容易地判断出拍摄此张照片的季节

焦　　距：96mm
光　　圈：F6.3
快门速度：1/400s
感 光 度：ISO200

用三角形构图拍出山脉的稳重之美

三角形是一种非常固定的形状，同时能够给人向上的突破感，结合山体造型结构采用三角形构图拍摄大山，在着重表现山体稳定感的同时，更能体现出山体壮美、磅礴的气势。

焦　　距：100mm
光　　圈：F6.3
快门速度：1/500s
感 光 度：ISO200

摄影师采用三角形构图，较好地表现了雪山的稳重之美，同时又不失磅礴、大气之势

用光线塑造山峦的雄奇伟峻

　　侧光有利于表现山峦的层次感和立体感，明暗层次使画面更加富有活力。如果能够遇到日照金山的光线，则是不可多得的拍摄良机。采用逆光并用点测光模式对亮处进行测光，拍摄出山体的剪影照片，也是一种不错的表现山峦的方法，根据光线情况可能需要进行曝光补偿操作。

夕阳的侧光斜斜地照在山体上，将其染成好看的金黄色，并使雪山山体的受光与背光面形成强烈的明暗对比，将雪山表现得更加坚实有力

焦　　距：200mm
光　　圈：F13
快门速度：1/320s
感 光 度：ISO200

树木摄影实战攻略

使用广角镜头仰视拍出不一样的树冠

由于**广角镜头**能够产生变形的视觉效果，所以拍出来景物的透视感很强。

采用广角镜头仰视拍摄树冠，会因为拍摄角度和广角镜头的变形作用，使得画面中的树显得格外高大、挺拔。

由于采用这种角度拍摄时，是以蓝天作为背景，因此画面显得很纯净，如果所拍摄的树叶为黄色或红色，那么画面中的蓝色与红色或黄色会形成强烈的颜色对比，使画面显得更鲜艳。

↖ 由于采用广角镜头仰视拍摄，画面中的树木看起来非常高大、挺拔，在蓝天背景的衬托下，画面显得很干净

焦　　距：35mm
光　　圈：F13
快门速度：1/500s
感 光 度：ISO200

Canon EOS 60D 广角镜头推荐

EF-S 15-85mm F3.5-5.6 IS USM

这款镜头是佳能作为中高端数码单反相机Canon EOS 7D 的套头发售的。把 EF-S 15-85mm 安装在 Canon EOS 60D 上，等效焦距相当于 24~136mm，覆盖了从超广角至中长焦的焦距，无论是拍摄风光还是人像等题材都能应付自如。该款镜头是除 EF-S 10-22mm F3.5-4.5 广角变焦镜头之外，唯一涵盖24mm（等效焦距）的 EF-S 镜头。

这款镜头内置 IS 影像稳定器，手抖动补偿效果相当于提高约 3 级快门速度。由于使用了一片 UD 萤石镜片，因此能够有效矫正色差。此外，此镜头使用了三片非球形镜片，能够在很大程度上降低成像畸变。在整个变焦范围内其最近对焦距离约为 0.35 米，因此可以获得如微距镜头般的表现效果。由于镜头的品质较高，所以价格也不菲，甚至超过了少数红圈 L 镜头的价格，达到了 5200 元。

镜片结构	12组17片
光圈叶片数	7
最大光圈	F3.5~F5.6
最小光圈	F22~F36
最近对焦距离（cm）	35
最大放大倍率（mm）	0.21
滤镜尺寸（mm）	72
规格（mm）	81.6×87.5
重量（g）	575
等效焦距（mm）	24~136

以逆光表现树木枝干优美的线条

剪影效果照片可以淡化被摄主体的细节特征，而强化其形状和外轮廓。树木通常有精简的主枝干和繁复的树枝，摄影师可以根据树木的这一特点，选择一片色彩绚丽的天空作为背景，将前景处的树木处理成剪影形式，画面中树木枝干密集处会表现为星罗密布、大小枝干相互穿梭的效果，且枝干有如绘制的精美花纹图案一般浮华炫灿，于稀疏处呈现出俊朗秀美的外形。

摄影师采用逆光的拍摄方法将一棵大树融入一片雾色的环境之中，得到的剪影效果十分漂亮，如水墨画一般迷人

焦　　距：	28mm
光　　圈：	F8
快门速度：	1/60s
感 光 度：	ISO400

采用垂直线构图体现树木的生命力

树木的种类繁多，不同种类的树木有着不同的风韵。例如北方有些树木是笔直高耸的，所以采用垂直线构图表现它们最为合适。拍摄时要注意在画面中合理安排不同粗细的树干，从而使画面有变化。如果画面中绝大多数树干的粗细比较均匀，应通过构图使画面中树干的疏密程度有所变化。

另外，采用上下穿插直通到底的垂直线构图方式时，应注意通过合理布局画面元素，将观者的视线引导到画面之外，这样就能够给人以画面主体形象高大、上下无限延伸的感觉。此时，照片的上部不应留白，否则观者的视线就会"到此为止"。

↰ 采用竖直线构图时，一定要注意画面疏密的安排，有时要寻找这样的角度，可能需要尝试若干个拍摄方位

焦　　距:	35mm
光　　圈:	F8
快门速度:	1/250s
感 光 度:	ISO100

↱ 利用垂直线构图拍摄一排树林，展现出一种整齐的美感，逆光也为画面带来了通透清凉之意

捕捉林间光线使画面更具神圣感

如果树林中的光线较暗，当阳光穿透林中的树叶时，由于被树叶及树枝遮挡，会形成一束束透射林间的光线。拍摄这类题材的最佳时间是早晨及近黄昏时分，此时太阳斜射向树林中，能够获得最好的画面效果。

在实际拍摄时，拍摄者可以迎着光线逆光拍摄，也可以与光线平行侧光拍摄。在曝光方面，可以以林间光线的亮度作为曝光依据拍摄暗调照片，以衬托林间的光线；也可以在此基础上降低 1 挡曝光补偿，以获得亮一些的画面效果。

光线透过树林，在暗背景的衬托下，形成夺目的星芒效果，成为画面的视觉中心，放射状的线条使画面看起来很有张力

焦　　距：70mm
光　　圈：F11
快门速度：1/125s
感 光 度：ISO200

画面出现光晕怎么办？

当镜头中出现严重光晕的时候应注意调整构图，通常轻微调整镜头位置就可以避免耀斑覆盖被摄主体。另外，使用遮光罩来防止镜头光晕也是非常好用的方法。

逆光拍摄时对焦困难怎么办？

逆光拍摄时，被摄主体通常会比较暗，对剪影部分进行对焦可能会出现对焦困难的情况。另外，如果针对强光的位置进行对焦，也可能会出现类似的问题。

此时可以使用单点自动对焦区域模式，然后对被摄对象与逆光相交的位置进行对焦，此时有非常高的成功率。如果这个方法还是无法成功对焦，那么可以考虑使用手动方式进行精确对焦。

避免长时间直视阳光

相机的镜头本身就具有凸透镜的作用，越是长焦镜头这种凸透镜作用就越明显，因此在拍摄时，应尽量避免直视阳光，或尽量减少直视阳光的时间，以避免对镜头及拍摄者的视力造成损伤。

雾凇摄影实战攻略

　　雾凇，俗称树挂，其姿态万千、冰清玉洁，在阳光的照射下璀璨夺目，是许多风光摄影师必拍的冬景题材之一。雾凇是在气温低于 0℃ 且又有雾的情况下形成的，此时雾中的水滴就会凝结在树枝、树叶、野草、电线等物体的表面。因此，雾中的水滴不只出现在树上，只是由于树上雾凇的姿态更漂亮，因此风光摄影师拍摄的绝大部分作品都是表现树上雾凇的。

　　吉林市松花江畔的树挂享誉中外，是我国最著名的雾凇拍摄景地，每年冬天平均有 50 余天能够见到雾凇，凝结在树上的雾凇看上去毛茸茸、蓬松松、银闪闪的，煞是好看，但由于其质地松脆，经不住太阳晒、风吹和振动，当温度升高或有风时，雾凇就会很快融化或者脱落，因此拍摄时必须要选对时间与天气。此外，在我国南方的一些高山上，如黄山、庐山、峨眉山等，由于山高气寒，又经常有云雾笼罩，因此也会出现漂亮的树桂。

选择合适的角度拍摄雾凇

　　拍摄雾凇时最好选择侧面拍摄，因为只有在侧面观看，树枝呈现的才是一侧有雾凇、另一侧没有的状态。因此，在拍摄出来的照片中，有雾凇的一侧能够清晰地勾勒出树及树枝的轮廓、伸展姿态，就像在树枝外侧镶上了一层白玉般的装饰，使树枝如银雕玉琢一般，并与没有雾凇的树枝暗部形成鲜明的对比，画面层次丰富、立体感强。

　　采用侧光拍摄雾凇，在雾凇的一侧会形成长长的影子，树冠显得很结实，树枝的轮廓也格外分明

焦　　距：135mm
光　　圈：F11
快门速度：1/400s
感 光 度：ISO200

选择合适的光线拍摄雾凇

拍摄雾凇时，除了选择合适的拍摄角度以外，光线的方向也是影响最终拍摄效果的关键因素。如果拍摄的是全景、远景或者地面上有积雪的场景，宜采用柔和、角度不太大的逆光或侧光，以获得影调丰富、立体感和质感强的画面。

如果以近景拍摄树挂，当树挂比较薄并能够透射光线时，宜用逆光或侧逆光拍摄，这样能够在较暗的背景下，得到晶莹剔透的树挂效果，其质感格外突出。如果树挂厚实、透光差，为了表现树挂晶莹洁白的质感与细腻的结构，应该用侧光拍摄。

↑ 金色的夕阳将雾凇晕染成淡淡的金黄色，整个画面好似童话世界一般

焦　　距：	200mm
光　　圈：	F16
快门速度：	1/500s
感 光 度：	ISO800

→ 采用逆光拍摄，雾凇呈现为晶莹透明的效果，将其质感很好地表现出来

焦　　距：	5mm
光　　圈：	F5.6
快门速度：	1/800s
感 光 度：	ISO100

选择合适的背景拍摄雾凇

拍摄树挂时背景的选择也很重要，最理想的背景是蓝天，银白色的树挂衬托在蓝色的天空中，可以将景物融入以蓝、白为主的冷色调中，从而渲染和烘托出"冬"与"寒"的气氛和意境，色彩不但饱和，而且明快洗练。除了蓝天外，深暗的景物也可以作为拍摄树挂的背景。

在明净蓝天背景的衬托下，雾凇显得更加洁白，将寒冬的冷清感表现得很好

焦　距：36mm
光　圈：F13
快门速度：1/500s
感光度：ISO200

摄影师让天空与树挂几乎各占一半，一半湛蓝，一半洁白，把画面衬托得明快洗练

焦　距：200mm
光　圈：F4
快门速度：1/500s
感光度：ISO200

草原摄影实战攻略

利用横画幅表现壮阔的草原画卷

虽然，用广角镜头能够较好地表现开阔的草原风光，但面对着一眼望不到尽头的草原，只有利用超宽画幅才能够真正给观者带来视觉上的震撼与感动。超宽画面并不是一次拍成的，通常都是由几张照片拼合而成，其高宽比甚至能够达到 1：3 或 1：5，因此能够以更加辽阔的视野展现景物的全貌。

由于要拍摄多张照片进行拼合，因此在转动相机拍摄不同视角的场景时，应注意彼此之间要有一定的重叠，即在上一张照片中出现的标志性景物，如蒙古包、树林、小河，有一部分也应该在下一张照片中出现，这样在后期处理时，才能够更容易地拼合在一起。

↑ 超宽画面带来更强烈、大气的视觉感受

焦　　距：55mm
光　　圈：F7.1
快门速度：1/80s
感 光 度：ISO20

利用牧人、牛、羊赋予草原勃勃生机

要拍摄辽阔的草原，画面中不应仅有天空和草原，这样的照片会显得平淡而乏味，必须为画面安排一些能够带来生机的元素，如牛群、羊群、马群、收割机、勒勒车、蒙古包、小木屋等。如果上述元素在画面中分布较为分散，可以使用散点式构图，拍摄散落于草原之中的农庄、村舍、马群等，使整个画面透露出一种自然、质朴的气息。如果这些元素的分布并不十分分散，应该在构图时注意将其安排在画面中黄金分割点的位置，以使画面更美观。

↑ 房舍、草地和近处的牧马给人一种亲切自然的感觉，将朴实的田园生活表现得淋漓尽致

焦　　距：96mm
光　　圈：F13
快门速度：1/400s
感 光 度：ISO200

溪流与瀑布摄影实战攻略

用中灰镜拍摄如丝的溪流与瀑布

拍摄溪流与瀑布时，如果使用较慢的快门速度，可以拍出如丝般质感的溪流与瀑布。为了防止曝光过度，可使用较小的光圈，如果还是曝光过度，应考虑在镜头前加装**中灰镜**，这样拍摄出来的瀑布是雪白的，像丝绸一般。由于使用的快门速度较慢，拍摄时保持相机的稳定很重要，所以三脚架是必不可少的装备。

焦　距：50mm
光　圈：F10
快门速度：12s
感光度：ISO200

中灰镜在风光摄影中的应用

中灰镜即 ND（Neutral Density）镜，又被称为中性灰阻光镜、灰滤镜、灰片等。它就像是一个半透明的深色玻璃，安装在镜头前面时，可以减少进光量，从而降低快门速度。

中灰滤镜分不同的级数，常见的有 ND2、ND4、ND8 三种，简单来说，它们分别代表了可以降低 2 倍、4 倍和 8 倍的快门速度。

假设在某种光照条件下光圈为 F16 时，快门速度最低为 1/16s，显然此快门速度无法将水流拍成丝状，因此可以在镜头前面安装一块 ND4 型号或两块 ND2 型号的中灰镜，通过减少进光量达到降低快门速度的目的，同时得到正确曝光的画面。

中灰镜按照密度分 0.3、0.6、0.9 等几挡。密度为 0.3 的中灰镜，透光率为 50%，数值每增加 0.3，中灰镜就会增加一倍的阻光率。

肯高 52mm ND4 中灰减光镜

若想拍出如丝的水流与瀑布，应注意如下几点。

● 因为需要较长时间曝光，所以需要使用三脚架来固定相机，并确认相机稳定且处于水平状态，同时还可以配合使用快门线和反光镜预升功能，避免因震动而导致画面不实。

● 为了避免衍射影响画面的锐度，最好不要使用镜头的最小光圈拍摄。

● 由于快门速度影响水流的拍摄效果，所以最好使用相机的快门优先模式，这样便于控制拍摄效果。拍摄瀑布时使用 1/3~4s 的快门速度，拍摄溪流时使用 3~10s 的快门速度，都可以柔化水流。

↙ 水流在山间的陡坡处倾斜向下流淌，摄影师使用中灰镜将水面拍成丝绸般的柔滑效果

通过对比突出瀑布的气势

在没有对比的情况下，很难通过画面直观判断一个景物的体量。因此，如果在拍摄瀑布时希望体现出瀑布宏大的气势，就应该通过在画面中加入容易判断体量大小的画面元素，从而通过大小对比来表现瀑布的气势，最常见的元素就是瀑布周边的旅游者或游船等。

➤ 通过画面动静、大小的对比，使瀑布的气势显得尤为宏大

焦　距：50mm
光　圈：F10
快门速度：1/320s
感光度：ISO200

拍摄精致的溪流局部小景

在摄影中，大场景固然有大场景的气势，而小画面也有小画面的精致。拍摄溪流、瀑布时，使用广角镜头表现其宏大场景固然是很好的选择，但如果受拍摄条件限制或光线不好，也不妨用中长焦镜头，沿着溪流寻找一些小的景致，如浮萍飘摇的水面、遍布青苔的鹅卵石、落叶缤纷的岸边，也能够拍出别有一番风味的作品。

焦　距：115mm
光　圈：F16
快门速度：1s
感光度：ISO100

↙ 画面中缓缓流淌的白色溪水，旁边是鲜艳的花卉和翠绿的枝叶，画面的色调很明朗

河流与湖泊摄影实战攻略

逆光拍摄粼粼波光的湖面

拍摄湖水时，在逆光并有微风的情况下，都能够拍出闪烁着粼粼波光的画面。如果拍摄的时间接近中午，由于此时的光线较强，色温较高，则粼粼波光的颜色会偏白色。如果是在清晨、黄昏时拍摄，由于此时的光线较弱，色温较低，则粼粼波光的颜色会偏金黄色。

为了能拍出这样的美景，应注意如下两点。

● 应该使用小光圈，从而使粼粼波光在画面中呈现为小小的星芒状。

● 如果波光的面积较小，要做负向曝光补偿，因为此时场景中的大部分区域为暗色调；如果波光的面积较大，是画面的主体，要做正向曝光补偿，以弥补大面积反光对曝光数值的影响。

↑ 使用小光圈低角度拍摄有粼粼波光的水面，暖暖的色调营造出温馨、和谐的氛围

| 焦　　距：85mm |
| 光　　圈：F4 |
| 快门速度：1/160s |
| 感 光 度：ISO200 |

→ 即使在夜晚利用月亮的光芒也能够在湖面上拍出银色的波光，拍摄时同样需要使用较小的光圈，由于夜晚的光线较弱，因此拍摄时曝光时间要适当加长

| 焦　　距：18mm |
| 光　　圈：F5.6 |
| 快门速度：17s |
| 感 光 度：ISO200 |

选择合适的陪体使湖泊显得更有活力

拍摄湖泊时，为了避免画面过于单调，可纳入一些岸边景物来丰富画面内容，树林、薄雾、岸边的丛丛绿草等都是经常采用的景物。

但如果希望使画面更具有活力，还需要在画面中安排有活力的被摄对象，如飞鸟、小舟、游人等都可以为画面增添活力，在构图时要注意这样的对象在画面中起到的是画龙点睛的作用，因此不必占据太大的面积。此外，这些对象在画面中的位置也很关键，最好将其安排在黄金分割点的位置上。

飘荡着几朵白云的蓝天下，有一艘轮船在水上漂浮着，打破了湖泊的宁静，使画面变得生动起来

| 焦　距：17mm |
| 光　圈：F11 |
| 快门速度：1/800s |
| 感光度：ISO100 |

很有地域特点的小舟打破了青山绿水的宁静，画面看起来很有意境

| 焦　距：66mm |
| 光　圈：F11 |
| 快门速度：1/40s |
| 感光度：ISO100 |

采用对称式构图拍摄有倒影的湖泊

拍摄水面时，要体现场景的静谧感，应该采用对称式构图将水边树木、花卉、建筑、岩石、山峰等的倒影纳入画面，这种构图形式不仅使画面极具稳定感，而且也丰富了画面构图元素。拍摄此类题材最好选择风和日丽的天气，时间最好选择凌晨或傍晚，以获得更丰富的光影效果。

采用这种构图形式拍摄时，如果使水面在画面中占据较大的面积，则要考虑到由于水面的反光较强，应适当降低曝光量，以避免水面的倒影模糊不清。需要注意的是，作为一种自然现象，倒影部分的亮度不可能比光源部分的亮度更大。

平静的水面有助于表现倒影，如果拍摄时有风，则会吹皱水面而扰乱水面的倒影，但如果水波不是很大，可以尝试使用中灰渐变镜进行阻光，从而将曝光时间延长到几秒钟，以便将波光粼粼水面中的倒影清晰地拍摄出来。

蓝天、白云、山峦、树林等都会在湖面形成美丽的倒影，在拍摄湖泊时可以通过采取对称式构图的方法，将水平线放在画面的中间位置，使画面的上半部分为天空，下半部分为倒影，从而使画面显得更加静谧。也可以按三分法构图原则，将水平线放在画面上三分之一或下三分之一的位置，使画面更富有变化。

平静的水中倒映着大小不一的影子，因为采用的是对称式构图形式，故而画面除了有对称协调的美感之外，还有一种韵律美

焦　　距：11mm
光　　圈：F6.3
快门速度：1/200s
感 光 度：ISO200

拍摄倒影时能用偏振镜吗？

拍摄倒影时当然可以使用偏振镜。但要注意的是，偏振镜的过滤杂光功能对倒影的表现会有影响。我们都知道，在使用偏振镜时，是通过将其旋转一定角度来控制过滤杂光的强度，当使用最大强度时，可能会过滤掉过多的杂光，导致水面的倒影也消失了，因此在拍摄时，可以适当降低过滤强度，以便既能基本过滤掉杂光，同时又能保留水面的倒影。

具体拍摄时，则要根据实际情况多拍几张作为测试，直至得到满意的结果为止。

用 S 形构图拍摄蜿蜒的河流

在自然界中很少看到笔直的河道，无论是河流还是溪流，总是弯弯曲曲地向前流淌着。因此，要拍摄河流或者海边的小支流，S 形曲线构图是最佳选择。S 形曲线本身就具有蜿蜒流动的视觉感，能够引导观者的视线随 S 形曲线蜿蜒移动。S 形构图还能使画面的线条富于变化，呈现出舒展的视觉效果。

拍摄时摄影师应该站在较高的位置，采用长焦镜头俯视拍摄，从河流经过的位置寻找能够在画面中形成 S 形的局部，这个局部的 S 形有可能是河道形成的，也有可能是成堆的鹅卵石、礁石形成的，从而使画面产生流动感。

↖ S 形构图不仅能表现溪流的婉转轻柔，还能给画面带来动感和延伸性

焦　　距: 35mm
光　　圈: F16
快门速度: 2s
感 光 度: ISO100

海洋摄影实战攻略

用慢速快门拍出雾化海面

利用长时间曝光拍摄的海景风光作品中，运动的水流会被虚化成柔美细腻的线条，如果曝光时间再长一些，海水的线条感就会被削弱，最终在画面中呈现为雾化效果。

拍摄时应根据这一规律，事先在脑海中构想出需要营造的画面效果，然后观察其运动规律，通过对曝光时间的控制并进行多次尝试，就可得到最佳的画面效果。

如果通过长时间曝光将运动的海面虚化成为柔美的一片，与近景处静止堆积着的巨大石块之间形成虚实、动静的对比，会使整个画面愈发显得美不胜收，如果在画面中能够增加穿透厚厚云层的夕阳余晖，则可以使画面变得更漂亮。

↓ 使用慢速快门拍摄，将海面拍得如雾一般，画面呈现出很唯美的效果

焦　　距：22mm
光　　圈：F7.1
快门速度：4s
感 光 度：ISO100

快门与快门速度的含义

简单来说，快门的作用就是控制曝光时间的长短。在按动快门按钮时，从快门前帘开始移动到后帘结束所用的时间就是快门速度，这段时间实际上也就是电子感光元件的曝光时间。所以快门速度决定曝光时间的长短，快门速度越快，曝光时间越短，曝光量越少；快门速度越慢，曝光时间越长，曝光量越多。快门速度以秒为单位，常见的快门速度有 15s、8s、4s、2s、1s、1/2s、1/4s、1/8s、1/15s、1/30s、1/60s、1/125s、1/250s、1/500s、1/1000s、1/2000s、1/4000s 及 1/8000s 等，相邻两挡快门速度相差约为一倍，在光圈相同的情况下，提高一挡快门速度，通光量减少一半。

↑ 红框内为肩屏上的快门速度数值

利用高速快门凝固飞溅的浪花

巨浪翻滚拍打岩石这样惊心动魄的画面，总能给观者的心灵带来从未有过的震撼。要想完美地表现出海浪波涛汹涌的气势，在拍摄时要注意快门速度的控制。高速快门能够抓拍到海浪翻滚的精彩瞬间，而适当地降低快门速度进行拍摄，则能够使溅起的浪花形成完美的虚影，画面极富动感。

如果采用逆光或侧逆光拍摄，浪花的水珠就能够折射出漂亮的光线，使浪花看上去剔透晶莹。

摄影师用高速快门凝固了海边浪花翻滚的美丽瞬间

摄影师采用高速快门侧光拍摄，得到了浪花飞溅的壮观一幕

影响快门速度的 3 大要素

影响快门速度的要素包括光圈、感光度及曝光补偿，它们对快门速度的影响如下表所示。

要 素	影 响
感光度	感光度每增加一倍，感光元件对光线的敏锐度会随之增加一倍，要获得相同的曝光量，快门速度需提高一倍
光圈	光圈每提高一挡（如从 F4 增至 F2.8），要获得相同的曝光量，快门速度需减少一半
曝光补偿	曝光补偿数值每增加 1 挡，由于需要更长时间的曝光来提亮照片，因此快门速度将降低一半；反之，曝光补偿数值每降低 1 挡，由于照片不需要这么长的曝光时间，因此快门速度可以提高一倍

各类拍摄题材常用快门速度

以下是一些常见拍摄对象的快门速度参考值，在拍摄时并非一定要用快门优先曝光模式，但这些内容有助于读者对各类拍摄对象常用快门速度有一个比较全面的了解。

快门速度（秒）	适用范围
1~30	此快门速度区间常用于弱光环境下拍摄，如弱光的室内、日出前、日落后、夜景等环境。此快门速度区间已经属于低速快门的范畴，因此在拍摄时，应该使用脚架保持相机的稳定
1/50	此快门速度适合拍摄一些静态对象，尤其在使用 50mm 标准镜头时，此快门速度通常可以得到清晰的画面效果
1/125	这一挡快门速度非常适合在户外阳光明媚时拍摄运动幅度较小的被摄对象
1/500	该快门速度已经可以抓拍一些运动速度较快的对象，如行驶的车、奔跑的马等
1/1000~1/4000	该快门速度区间已经可以用于拍摄一些高速运动的对象，如飞鸟以及瀑布飞溅出的水花等

利用前景增加海面的纵深感

拍摄海面时，如果在画面的前景、背景处不安排任何参照物，则画面的空间感很弱，更谈不上纵深感了。

因此在取景时，应该注意在画面的近景处安排海边的礁石或留白，在画面的中景或远景处安排游船、太阳，以与前景的景物相互呼应，这样不仅能够避免画面显得单调，还能够通过近大远小的透视对比效果，表现出海面的纵深感。

摄影师用广角镜头拍摄了壮阔的海面，同时又利用岸边石块的透视效果增强了画面的纵深感

焦　　距：	24mm
光　　圈：	F7.1
快门速度：	6s
感光度：	ISO100

通过陪体对比突出大海的气势

所谓"山不厌高，海不厌深"，大海因它不择细流，不拘小河，才能成其深广。面对浩瀚无际的大海，要想将其宽广、博大的一面展现在观者面前，如果没有合适的陪体来衬托，很难将其有容乃大的性格表现出来。所以在拍摄宽广的海面时，要时刻注意寻找合适的陪体来点缀画面，通过大小、体积的对比来反衬大海的广博、浩瀚。

对比物的选择范围很广，只要是能够为观者理解、辨识、认识的物体均可，如游人、小艇、建筑等。

| 焦　距：24mm |
| 光　圈：F13 |
| 快门速度：1/200s |
| 感光度：ISO400 |

在泛着金光的海面上，漂浮着的小舟，把大海衬得更加辽阔。这种对比的表现手法，也是很多摄影师喜欢采用的拍摄技法之一

广角镜头使用注意事项

广角镜头虽然在画面表现方面非常有特色，但也存在一些缺陷，在使用时需要注意以下问题。

● 边角模糊：对于广角镜头，特别是广角变焦镜头而言，最常见的问题是照片四角模糊。这是由镜头的结构导致的，因此这种现象较为普遍，尤其是使用F2.8，F4这样的大光圈时。廉价广角镜头中这种现象尤为严重。

● 暗角：由于进入广角镜头的光线是以倾斜的角度进入的，而此时光圈的开口不再是一个圆形，而是类似于椭圆的形状，因此照片的四角处会出现变暗的情况，如果缩小光圈，则可以减弱这种现象。

● 桶形失真：使用广角镜头拍摄的照片中，除中心以外的直线将呈现向外弯曲的形状（好似一个桶的形状），这种变形在拍摄人像、建筑等题材时，会导致拍摄出来的照片失真。

冰雪摄影实战攻略

运用曝光补偿准确还原白雪

由于雪的亮度很高，如果按相机自己测算出的测光值曝光，会造成曝光不足，使拍出的雪呈灰色，所以拍摄雪景时一般都要使用曝光补偿功能对曝光进行修正，通常需要增加 1 至 2 挡曝光补偿。

当然，并不是所有的雪景都需要进行曝光补偿，如果拍摄场景中白雪所占的面积较小，则无需进行曝光补偿。

拍摄雪景应选择行人较少的地方，在画面中最好安排一些深色或艳色的景物，否则白茫茫的画面未免显得单调。

在增加一挡曝光补偿后，白雪变得更白，天空变得更蓝，突出表现了严冬寒冷的感觉

焦　　距：24mm
光　　圈：F10
快门速度：1/250s
感 光 度：ISO200

选择合适的光线让冰雪晶莹剔透

顺光观看白雪时，会感觉很刺目，这是因为积雪表面将大量的光线反射到人眼中，因此观看时感觉到积雪表面的反光极强，看上去犹如镜面一般。可以想象在这种光线下拍摄白雪，必然会因为光线减弱了白雪表面的层次，而无法很好地表现白雪的质感。

所以，顺光并不是拍摄雪景理想的光线，只有在逆光、侧逆光或侧光下，且太阳的角度又不太大时，雪花的冰晶由于背光而无法反射出强烈的光线，因此积雪表面才不至于特别耀眼，从而将雪地的晶莹感、立体感充分地表现出来。

拍摄冰雪时，如果要突出表现其晶莹剔透的质感，可选择逆光、侧逆光拍摄，并选择较深的背景来衬托，使其透明性更好。逆光拍摄时应选择点测光模式，同时适当增加 0.3~1.7 挡的曝光补偿，以便得到洁白剔透的冰雪效果。

焦　　距：200mm
光　　圈：F4
快门速度：1/400s
感 光 度：ISO200

在蓝天的衬托下，选择逆光角度进行拍摄，树挂被表现得晶莹剔透

许多摄友会在雪后晴天出去拍摄，此时如果将蓝天纳入画面成为背景，应该在镜头前加装偏振镜，以吸收白雪反射的偏振光，同时压暗天空的亮度，增加天空饱和度，这样才能拍出漂亮的蓝天白雪景色。

当然，如果条件允许，即使是正在飘雪，也可以进行拍摄，此时拍摄的主体自然是飞舞的雪花。拍摄时应选择不低于 1/60s 的快门速度，并在构图时纳入一些颜色较鲜艳或较暗的物体，这样才能够反衬出飘舞在空中的白色雪花。

雾景摄影实战攻略

雾气不仅增强了画面的透视感，还赋予了照片朦胧的气氛，使照片具有别样的诗情画意。一般来说，由于浓雾的能见度较差，透视性不好，不适宜拍摄，拍摄雾景时通常应选择薄雾。另外，雾霭的成因是水汽，因此应该在冬、春、夏季交替之时，寻找合适的拍摄场景。拍摄雾气的场所往往具有较高的湿度，因此需要特别注意保护相机及镜头，防止器材受潮。

调整曝光补偿使雾气更洁净

由于雾气是由微小的水滴组成的，其对光线有很强的反射作用，如果按相机自动测光系统给出的数据拍摄，则雾气中的景物将呈现为中灰色调，因此需要使用曝光补偿功能进行曝光校正。

根据白加黑减的曝光补偿原则，通常应该增加1/3 至 1 挡左右的曝光补偿。

在进行曝光补偿时，要考虑所拍摄场景中雾气的面积这个因素，面积越大意味着场景越亮，就越应该增加曝光补偿；如果面积很小的话，可以考虑不进行曝光补偿。

如果对于曝光补偿的增加程度把握不好，建议以"宁可欠曝也不可过曝"的原则进行拍摄。

焦　　距：100mm
光　　圈：F10
快门速度：1/400s
感光度：ISO400

⤴ 逆光下拍摄的雾景，画面中的景物隐隐约约，虚实对比加强了画面的空间感，使画面富有艺术感染力

选择合适的光线拍摄雾景

采用顺光拍摄薄雾中的景物时，强烈的散射光会使空气的透视效应减弱，景物的影调对比和层次感都不强，色调也显得平淡，景物缺乏视觉趣味。

拍摄雾景最合适的光线是逆光或侧逆光，在这两种光线照射下，薄雾中除了散射光外，还有部分直射光，雾中的物体虽然呈剪影状，但这种剪影是经过雾层中散射光柔化的，已由深浓变得浅淡、由生硬变得柔和了。随着景物在画面中的远近不同，其形体大小将呈现近大远小的透视感，同时色调也呈现出近实远虚、近深远浅的变化，从而在画面中形成浓淡互衬、虚实相生的效果，因此最好在逆光或者侧光下拍摄雾中的景物，这样整个画面才会显得生机盎然、韵味横生、富有表现力和艺术感染力。

在拍摄雾景时，可根据不同的拍摄环境选择测光模式。

- 如果光线均匀、明亮，可以选择评价测光模式。
- 如果拍摄的场景中的雾气较少、暗调景物多，或希望拍摄逆光效果，应该选择点测光模式，并对画面中的明亮处测光，以避免雾气部分过曝而失去细节。

摄影师采用逆光拍摄雾景，形成了近实远虚的画面效果，其空间感为此得到了大大地增加

焦　　距：26mm
光　　圈：F8
快门速度：1/80s
感 光 度：ISO400

通过留白使画面更有意境

留白是拍摄雾景时常用的构图方式，即通过构图使画面的大部分为云雾或天空，而画面的主体，如树、石、人、建筑、山等，仅在画面中占据相对较小的面积。在构图时需要注意的是，所选择的画面主体应该是深色或其他相对亮丽色彩的景物，此时雾气中的景物虚实相间，拍摄出来的照片有水墨画的感觉。

画面中留白的多少取决于被摄景物，云雾留白之处应与画面中所要表现的被摄景物相称，不可出现一者过大、另一者过小的情况。

袅袅的白雾笼罩着整个画面，大面积的留白引人遐想，朦胧的浅色调又为画面平添了几分诗意

焦　　距：135mm
光　　圈：F7.1
快门速度：1/60s
感 光 度：ISO400

利用雾气拍出有空间感的场景

在弥漫的雾中，距离观察者较近的景物受雾滴散射光的影响较小，形体比较清晰，色彩浓重，影调深暗，同环境的反差也较大；远处的景物则受到雾滴散射光的影响较大，景物看上去较淡且模糊不清。

画面中不同距离的景物，其清晰度、影调、反差等有所区别，越远的景物越浅淡模糊，越近的景物越

深浓清晰，从而在视觉上给人以远近纵深的感觉，为了利用雾气的这种特点，拍出有空间感的场景，应该在构图时在前景刻意安排深色的景物，以使其与远景的景物，形成明暗对比。另外，还可以考虑用透视牵引构图，使场景有较强的纵深感。

↰ 透过摄影师的镜头，缥缈的云雾在不同程度上渲染着这些画面的空间，有近有远，有虚有实，意境悠远，耐人寻味，加强了画面的感染力

蓝天白云摄影实战攻略

拍摄漂亮的蓝天白云

　　虽然，许多摄影师认为蓝天白云这类照片很俗，但实际上即使面对这样的场景，如果没有掌握正确的拍摄方法，也不可能拍出想要的效果。最常见的情况是，在所拍出的照片中，地面的景物是清晰的、颜色也是纯正的，但蓝天却泛白色，甚至像一张白纸。

　　要拍出漂亮的蓝天白云照片，首要条件是必须选择晴朗天气，在没有明显污染的地方拍摄，其效果会更好，因此在乡村、草原等地区能够拍出更美的天空。

　　另外，还要注意以下两个技术要点。

　　● 为了拍出更蓝的天空，拍摄时要使用**偏振镜**。将它安装在镜头前，并旋转到一定角度时即可消除空气中的偏振光，提高天空中蓝色的饱和度，画面中景物的色彩也将更浓郁。

　　● 在曝光方面应做半挡左右的负向曝光补偿，因为稍显曝光不足才能拍出更蓝的天空。

　　● 另外，拍摄时最好以顺光的角度进行拍摄。

使用偏振镜可使天空变得更蓝，云彩变得更白，花朵变得更黄，画面的色彩饱和度得到了提高

纯净的蓝天上飘浮着几缕白云，整个画面很清新、明朗，画面给人一种沁人心脾的感觉，好似有清爽的凉风扑面而来

焦　　距：26mm
光　　圈：F16
快门速度：1/800s
感 光 度：ISO100

拍摄天空中的流云

很少有人会长时间地盯着天空中飞过的流云，因此也就很少有人注意到头顶上的云彩来自何方，去往哪里，但如果摄影师将镜头对着天空中漂浮不定的云彩，则一切又会变得与众不同。使用低速快门拍摄时，云彩会在画面中留下长长的轨迹，呈现出很强的动感。

要拍出这种流云飞逝的效果，需要将相机固定在三脚架上，采用 B 门进行长时间曝光。在拍摄时为了避免曝光过度，导致云彩失去层次，应该将感光度设置为 ISO100；如果仍然会曝光过度，可以考虑在镜头前面加装中灰镜，以减少进入镜头的光线。

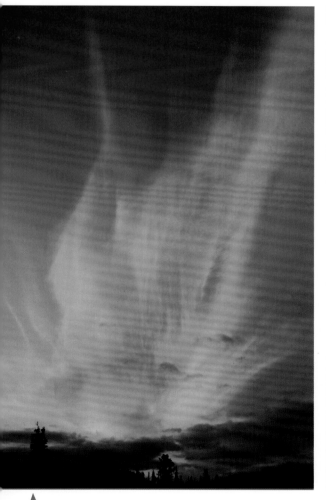

使用中灰镜及长时间曝光拍摄云彩飘动的轨迹，形态夸张的云彩，非常富有视觉冲击力，画面具有很强的欣赏性

焦　　距：17mm
光　　圈：F13
快门速度：1/400s
感 光 度：ISO100

偏振镜在风光摄影中的应用

偏振镜也叫偏光镜或 PL 镜，在各种滤镜中，是一种比较特殊的滤镜。由于在使用时需要调整角度，所以偏振镜上有一个接圈，使得偏振镜固定在镜头上以后，也能进行旋转。

偏振镜分为线偏和圆偏两种，数码单反相机应选择有"CPL"标志的圆偏振镜，因为在数码单反相机上使用线偏振镜容易影响测光和对焦。

在使用偏振镜时，可以旋转其调节环以选择不同的强度，在取景窗中可以看到一些色彩上的变化。同时需要注意的是，使用偏振镜后会阻碍光线的进入，大约相当于 2 挡光圈的进光量，故在使用偏振镜时，需要降低约 2 倍的快门速度，才能拍出与未使用时相同曝光效果的照片。

偏振镜在风光摄影中通常有以下两个作用。

● 压暗蓝天：晴朗蓝天中的散射光是偏振光，利用偏振镜可以减少偏振光，使蓝天变得更蓝、更暗。加装偏振镜后拍出的蓝天，比使用蓝色渐变镜拍出的蓝天要更加真实，因为使用偏振镜拍摄，既压暗了天空，又不会影响其余景物的色彩还原。

● 提高色彩饱和度：如果拍摄环境的光线比较杂乱，会对景物的颜色还原有很大的影响。环境光和天空光在物体上形成反光，会使景物颜色看起来并不鲜艳。使用偏振镜进行拍摄，可以消除杂光中的偏振光，减少杂光对物体颜色还原的影响，从而提高物体的色彩饱和度，使景物颜色显得更加鲜艳。

肯高 67mm C-PL（W）偏振镜

太阳的倒影在海面上留下了长长的影子，曝光时适当减少曝光补偿，以加重画面的色彩，使画面中夕阳的气氛更加浓郁

焦　　距：200mm
光　　圈：F7.1
快门速度：1/200s
感 光 度：ISO100

太阳摄影实战攻略

用长焦镜头拍出大太阳

如果希望在照片中呈现体积较大的太阳，要尽可能使用**长焦镜头**。通常在标准的画面上，太阳的直径只是焦距的 1/100。因此，如果用 50mm 标准镜头拍摄，太阳的直径为 0.5mm；如果使用 200mm 的镜头拍摄，则太阳的直径为 2mm；如果使用 400mm长焦镜头拍摄，太阳的直径就能够达到 4mm。

长焦镜头在风光摄影中的运用

通常，可以将长焦镜头分为以下 3 类：恒定光圈的长焦镜头，如佳能 EF 70-200mm F2.8 L II IS USM；浮动光圈的长焦镜头，如佳能 EF 70-300mm F4-5.6 L IS USM；定焦长焦镜头，如佳能 EF 400mm F4 DO IS USM。在以上三种长焦镜头中，定焦长焦镜头的自动对焦速度更快、成像的锐度更高，但价格也最贵。

从实用性来看，有 IS 防抖功能的镜头对于初学者而言更实用，因为根据安全快门的定义，快门速度不能低于焦距的倒数，因此，如果焦距是200mm，快门速度要达到 1/200s 才能获得清晰的图像。而对于有防抖功能的镜头而言，快门速度只需要达到 1/60s，即使手持拍摄也能获得清晰的图像。

从便利性来看，使用长焦镜头拍摄风光的优点是可以拍摄远处的风景，如远山、太阳、森林中的鸟儿、不容易靠近的昆虫等，因此有些题材不使用长焦镜头就无法拍摄。

从拍摄效果来看，使用长焦镜头能够压缩空间、获得浅景深效果，因此对于鸟、花、树、昆虫等题材而言，能够获得极好的背景虚化效果，使主体更加突出。

EF 70-200mm F2.8L II IS USM

EF 70-300mm F4-5.6L IS USM

EF 400mm F4 DO IS USM

拍摄太阳的逆光剪影及半剪影

迎着太阳拍摄时，天空与地面的明暗反差较大，大光比画面会失去很多细节，所以通常可以借助大光比来获得剪影效果。合适的剪影能够使画面更有美感，形成剪影的对象，可以是树枝、飞鸟、建筑物、人群，也可以是茅草、礁石、小船，不同的对象能够使剪影呈现不同的美感，为画面营造不同的氛围。

要拍摄这样的画面，最佳拍摄时间是日落时分，此时摄影师能够从容寻找合适的拍摄对象，使画面呈现剪影效果。另外，由于此时的太阳位置较低，被摄对象往往会形成长长的影子，使照片的空间感更强。

拍摄时对着天空中的亮部测光，即可成功地拍出剪影效果的画面。

逆光拍摄时，若想得到剪影效果的画面，可只对天空测光，画面中人物与太阳刚好重叠，形成人会发光的效果，画面非常有意思

焦　　距：200mm
光　　圈：F6.3
快门速度：1/800s
感 光 度：ISO200

选择正确的测光位置及曝光参数

拍摄日出日落时，如果在画面中包含地面的场景，则会由于天空与地面的明暗反差较大，使曝光有一定的难度。如果希望拍摄剪影效果，即让地面上的景物在画面中表现为较暗色调甚至是黑色剪影，测光时可将测光点定位在太阳周围较明亮的天空处。

如果拍摄的是日落景色，且太阳还未靠近地平线，由于此时整个拍摄环境光照较好，为了使地面的景物在成像后有一定的细节，应对准太阳周围云彩的中灰部测光，以兼顾天空与地面的亮度。另外，如果天空中的薄云遮盖住了太阳，人直视太阳不感觉刺目，可以对太阳直接测光、拍摄，以突出表现太阳，因此拍摄时应灵活选择测光位置。

拍摄傍晚时分的太阳时，可对准天空测光后，再增加曝光补偿，得到天空与地面都曝光合适的画面

焦　　距：24mm
光　　圈：F11
快门速度：1/200s
感光度：ISO200

用云彩衬托太阳使画面更辉煌

日落时天空中霞光万丈的景象非常漂亮，要拍出霞光万丈的感觉，应尽量选择小光圈，这样可以更好地记录透过云层穿射而出的光线。利用曝光补偿可以提高画面的饱和度，使画面呈现出更加鲜艳的色彩。如果天空中云彩的细节很丰富，与地面的明暗反差较大，应该用中灰渐变镜缩小反差，保证画面中能够表现出尽可能多的细节。

火烧云几乎占据了整个天空，利用广角镜头来拍摄，水面上的倒影和云霞交相辉映，画面看起来格外辉煌

焦　　距：18mm
光　　圈：F11
快门速度：1/320s
感 光 度：ISO100

拍摄天空与地面反差较大的场景

逆光拍摄天空时，地面与天空的亮度反差会很大，此时如果针对地面的风景测光，天空会曝光过度甚至会变成白色；而如果针对天空测光，地面又会由于曝光不足而表现为暗色调。

为了避免出现这种情况，拍摄时应该使用**中灰渐变滤镜**，并将渐变镜上较暗的一侧安排在画面中天空的部分，以减少天空与地面的反差。

使用中灰渐变镜压暗了天空的亮度，延长了水面的曝光时间，在一片冷暖交加的颜色中透露出来的太阳光芒成为了画面的视觉中心

焦　距：	22mm
光　圈：	F6.3
快门速度：	1/60s
感 光 度：	ISO500

用中灰渐变镜拍摄此场景的模拟图,上端
灰色为中灰渐变镜颜色较深的区域

中灰渐变镜在风光摄影中的应用

　　渐变镜是一种一半透光、一半阻光的滤镜,
分为圆形和方形两种,在色彩上也有很多选择,
如蓝色、茶色等。在所有的渐变镜中,最常用
的就是中灰渐变镜了。中灰渐变镜是一种中性
灰色的渐变镜。

　　当被摄体之间的亮度差很大时,可以使用
中灰渐变镜进行调整,从而改善画面的亮度平
衡关系。

　　中灰渐变镜可以在深色端减少进入相机的
光线,在拍摄天空背景时非常有用,通过调整
渐变镜的角度,将深色端覆盖天空,从而在保
证浅色端图像曝光正常的情况下,还能使天空
中的云彩具有很好的层次。

　　中灰渐变镜有圆形与方形两种,圆形渐变
镜是安装在镜头上的,使用起来比较方便,但
由于渐变是不可调节的,因此只能拍摄天空约
占画面50%的照片。

　　使用方形渐变镜时,需要买一个支架装在
镜头前面才可以把滤镜装上,其优点是可以根
据构图的需要调整渐变的位置。

星轨拍摄实战攻略

星轨是一个比较有技术难度的拍摄题材，总的说来，要拍摄出漂亮的星轨，应具备"天时"与"地利"。

"天时"是指时间与气象条件，拍摄时间最好选择夜晚，此时明月高挂，星光璀璨，能拍摄出漂亮的星轨，天空中应该没有云层，以避免其遮盖住了星星。

"地利"是指拍摄的地点，由于城市中的光线较强，空气中的颗粒较多，因此对拍摄星轨有较大影响。所以，要拍出漂亮的星轨，拍摄地点最好选择在郊外或乡村。构图时要注意利用地面的山、树、湖面、帐篷、人物、云海等对象，以丰富画面内容。同时要注意，如果画面中容纳了比星星还要亮的对象，如月亮、地面的灯光等，长时间曝光之后，这部分区域很容易出现严重曝光过度，从而影响画面整体的艺术性，所以在构图时要注意回避此类对象出现在画面中。

除了上述两点外，还要掌握一些拍摄技巧，例如，拍摄时要使用 B 门，以自由地控制曝光时间。因此，如果使用了带有 B 门快门释放锁的快门线，就能够让拍摄变得更加轻松。如果出现对焦困难，应该采用手动对焦的方式。

此外，还要注意拍摄时镜头的方位，如果将镜头中心点对准北极星长时间曝光，拍出的星轨会成为同心圆，在这个方向上曝光 1 小时，画面中的星轨弧度为 15°，曝光 2 小时为 30°。而朝东或朝西拍摄，则会拍出斜线或倾斜圆弧状的星轨画面。

正所谓"工欲善其事，必先利其器"，拍摄星轨时，器材的选择也很重要，质量可靠的三脚架自不必说。镜头的选择也是重中之重，拍摄星轨应选择广角镜头或标准镜头，通常应选择 35~50mm 左右焦距的镜头，选择短焦镜头虽然能够拍摄更大的场景，但星轨在画面中会显得比较细；而如果焦距过长，视野又会显得过窄，不利于表现星轨。

摄影师通过慢速快门拍摄得到的星轨照片，让观者看到一幅奇异的景象，画面极具艺术感染力

焦　　距：35mm
光　　圈：F3.5
快门速度：3670s
感 光 度：ISO200

风无形无色，因此在拍摄时，必须通过静止物体在风的作用下产生的变化来感知风的存在。例如，在平静的水面上，一阵风掠过，掀起层层波浪，就可以将风吹波浪的感觉表现出来；一望无际的麦田，一阵风吹来，麦浪起伏不平，可通过滚滚麦浪摇摆的幅度来表现风的强弱。

拍摄被风吹动的景物时，不宜用较慢的快门速度，当风速不是很大且拍摄对象又较远时，如远处的树枝、炊烟、大面积的水面波纹等，使用 1/60s 至 1/125s 的快门速度就可以捕捉到清晰的风中景物的线条；当风较大且被摄对象又较近时，则使用的快门速度要大于 1/125s。

在一片充满神秘意境的地带，摄影师通过小光圈拍下了几颗树木欲要倒地的情景，突出表现了此地风大天寒的恶劣天气

焦　距：24mm
光　圈：F6.3
快门速度：1/60s
感光度：ISO200

拍摄雨的技巧

要想拍摄空中飘落的雨丝，应选择较深的背景进行衬托，如山峰、峭壁、树林、街道以及人群等。构图时应避开天空，用稍俯视的角度，让房屋、街道、人群充实画面。拍摄时要注意白平衡的设置，通常应将白平衡设置为阴天模式，使画面获得真实的色彩还原。

拍摄时所使用的快门速度将影响画面中雨丝的长短，快门速度越快，则画面中的雨丝越短；快门速度越慢，则画面中的雨丝越长。通常用 1/4s~1/8s 的快门速度可得到较长的雨丝，若想将雨点凝固在画面中，可提高快门速度。

除了直接表现飘落的雨滴外，还可以通过雨滴在水面激起的涟漪来间接表现雨天的景致。

焦　距：50mm
光　圈：F2.8
快门速度：1/4s
感光度：ISO200

↑ 摄影师在夜晚采用大光圈将灯光与水面的倒影拍摄成光斑的形式，将雨天的景致表现得淋漓尽致

拍摄闪电的技巧

由于闪电的停留时间极短，当人眼看到闪电并产生反应按下快门时，闪电早已一闪而过，即使是以最敏捷的动作也无法捕捉到闪电，因此，拍摄闪电不能用"抓拍"的方法，而应打开快门"等拍"闪电。

闪电没有固定的出现位置，通常一次闪电出现后，再在同一位置出现的概率非常小，因此，闪电的位置是不断变动的，取景时不可能根据上一次闪电出现的位置估计出下一次闪电会出现在哪个位置，因此拍摄闪电的成功率不高，要有拍摄失败的思想准备。

压低的地平线，地面的树木，紫色的闪电，通通被摄影师纳入画面中，让人们看到了平时不易看到的美丽画面

焦　　距：18mm
光　　圈：F11
快门速度：14s
感光度：ISO400

拍摄闪电也有"天时"、"地利"的问题。夏季是拍摄闪电的黄金季节，夏季的闪电或以水平方向扩张，或从高空向地面打下来，此时的闪电力度大、频率高，因此是拍摄闪电的首选季节。

而"地利"则更为重要，因为这关系到拍摄者自身的安危。拍摄的地点不能够过于靠近易于导电的物体，如树、铁杆等，另外要为相机罩上防雨的套子或袋子。

从技术角度来看，拍摄闪电涉及一定的曝光与构图技巧。

曝光模式应该选择 B 门模式，并设置光圈数值为 F8~F13，但光圈不能太小，否则画面中闪电的线条会过细。

构图时要注意闪电的主体和地面景物的搭配，为了凸显空中闪电的美丽与气势，可以用地面局部景物来衬托，使画面看起来更加平衡。此外，还要注意空中云彩对画面的影响，要注意避开近景处较强的灯光射入镜头而出现眩光，有必要的话，还应该在镜头前加装遮光罩。

拍摄闪电是一个挑战与机遇并存的拍摄活动，因为闪电不总会如期而至，因此与其说是抓拍闪电，还不如说是等拍闪电，摄影师应该先将相机固定在三脚架上，确定闪电可能出现的方位后，将镜头对准闪电出现最频繁的方向，切换为 B 门模式，使用线控开关打开曝光按钮即可准备"等拍"闪电，待闪电过后，释放按钮即完成一次拍摄。

如果要在照片中合成多次拍摄的闪电，在闪电出现后用黑卡纸遮挡镜头，重复操作几次即可。

城市风光摄影实战攻略

用广角镜头俯视拍摄城市全貌

城市风光摄影的题材非常广泛，如林的建筑群、现代化的立交桥、繁华的街道、街心花园、城市雕塑、车站、码头、小巷、展馆、有特色的地标建筑等都是上佳的表现对象。而如果要展现一个城市的基本风貌，则需要在一个较高的位置，采用俯视角度来拍摄，例如上海的东方明珠、台湾的 101 大厦、吉隆坡的双子塔。拍摄时最好使用广角镜头，以便照片能够容纳更多的景物，必要的时候还可以采取全景接片的手法。

➤ 俯视拍摄建筑群使其看来很有气势

拍摄城市特色雕塑

城市雕塑用于城市的装饰和美化，可丰富城市居民的视觉与精神享受，在高楼林立的城市中，能够缓解因建筑物集中而带来的拥挤、呆板、单一的感受。每一个城市都有自己独具特色的雕塑，例如哥本哈根的"美人鱼"、布鲁塞尔的"撒尿小童"、纽约的"自由女神"、广州的"五羊"、深圳的"拓荒牛"、青岛的"五月的风"，如果希望展现一个城市的人文风貌，则不妨将镜头对准这些独具特色的雕塑。

要拍好城市雕塑，需要注意以下 3 个问题。

● 寻找合适的时间段：如果要展示雕塑的细节，无疑应该选择上午或下午阳光不十分强烈的时间段拍摄；如果要拍摄雕塑的前景效果，应该在早晨或黄昏拍摄，因为在白天拍摄时，背景往往容易形成一片死白，而雕塑剪影的黑度却不够。

● 选择恰当的拍摄角度：许多雕塑都有主展示面，是雕塑最美的一个面，这也是拍摄雕塑的最佳角度。

● 注意雕塑与周围环境的互动关系：要想拍出有特色的雕塑照片，应该在取景时注意游人或周围景物与雕塑的互动关系，通过叠加、错视、对比等手法，使两者之间产生有趣的联系，从而使照片更生动。

↖ 利用长焦镜头拍摄到的很有欧洲特色的雕塑，散射光下雕塑的细节被很好地表现出来

寻找标新立异的角度拍摄建筑

拍惯了大场景建筑的整体气势以及小细节的质感、层次感，不妨尝试拍摄一些与众不同的画面效果，不管是历史悠久的，还是现代风靡的，不同的建筑都有其不同寻常的一面。例如，利用现代建筑中用于装饰的玻璃、钢材等反光装饰物能够反射环境中有趣景象的特点，通过特写的景别拍摄这个有趣的画面，或者在夜晚采用聚焦放射的拍摄手法拍摄闪烁的霓虹灯。总之，只要有一双善于发现的眼睛以及敏锐的观察力，就可以捕捉到不同寻常的画面。

在实际拍摄过程中，可以充分发挥想象力，不拘泥于小节，将原本普通的建筑呈现出独具一格的画面效果。

↑ 通过寻找新颖的角度拍摄建筑，能使画面表现出十分独特的视觉效果，大家平时也不妨试上一试

利用建筑结构韵律形成画面的形式美感

韵律原本是音乐中的词汇，但实际上在各种成功的艺术作品中，都能够找到韵律的痕迹，韵律的表现形式随着载体形式的变化而变化，但均能给人节奏感、跳跃感以及生动感。

建筑摄影创作也是如此，建筑被称为凝固的音符，这本身就意味着在建筑中隐藏着流动的韵律，这种韵律可能是由建筑线条形成的，也可能是由建筑自身的几何结构形成的。因此，如果仔细观察，就能够从建筑物中找到点状的美感、线条的美感和几何结构的美感。

在拍摄建筑时，如果能抓住建筑结构所展现出的韵律美感进行拍摄，就能拍出非常优秀的作品。另外，拍摄时要不断地调整视角，将观察点放在那些大多数人习以为常的地方，通过在画面中运用建筑的语言为画面塑造韵律，也能够拍出优秀的照片。

→ 以旋转的楼梯为拍摄对象，画面带给人一种漂亮的线条形式美

利用变焦镜头拍摄建筑精美的细节

不同的建筑看点不同，有些建筑美在造型，如国家大剧院、鸟巢，有些建筑则美在细节，如故宫、布达拉宫，这并不是否定一些建筑的细节或另一些建筑的整体，而仅仅是从相对的角度分析拍摄不同的建筑时，更应该关注整体还是局部。

对于那些美在整体的建筑，当然应该用广角镜头尽量表现其整体感，而另一些建筑则应该用变焦镜头以近景甚至是特写的景别关注那些被游人忽略的细节，通过刻画这些细节，使建筑的设计与建造者的聪明才智得以充分体现。

在散射光的照射下，摄影师使用变焦镜头的长焦端拍摄，建筑的局部雕塑细节被表现得很清晰，同时石块的裂痕和粗糙质感也交待了建筑物悠久的历史

焦　　距：200mm
光　　圈：F4
快门速度：1/400s
感 光 度：ISO100

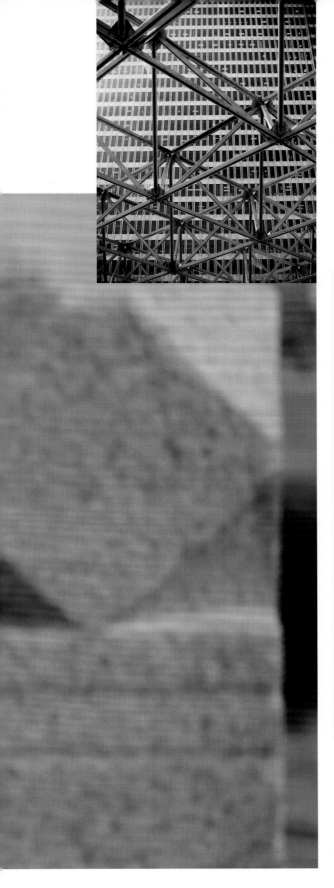

以独特的视角表现建筑的细节，给人以十分新鲜的感觉，利用变焦镜头可随时拍出这样的画面

EF-S 18-200mm F3.5-5.6 IS

　　当其他相机厂商、副厂镜头厂商纷纷推出大变焦镜头时，佳能却显得有点反应迟钝，一直都没有一款大变焦的EF-S镜头。直到佳能推出EF-S 18-200mm F3.5-5.6 IS，才让佳能粉丝松了口气。这款镜头的等效焦距达到了29~320mm，覆盖了从广角到超长焦的焦距，是典型的大变焦镜头。

　　这款镜头的用料比EF-S 18-135mm F3.5-5.6 IS多了一片非球形镜片和超低色散镜片。但由于变焦倍率太大，达到了11倍，所以成像质量较为一般。它最大的好处就是变焦范围大，一款镜头可以当好几款镜头用。另外，它所具有的光学防抖功能在使用长焦端或在弱光环境下拍摄时非常有用。同时在拍摄时最好不要使用最大光圈，收缩到F8、F11时，同样能拍出高质量的影像。

利用水面拍出极具对称感的夜景建筑

在上海隔着黄浦江能够拍摄到漂亮的外滩夜景，而在香港则可以在香江对面拍摄到点缀着璀璨灯火的维多利亚港，实际上类似这样临水而建的城市在国内还有不少，在拍摄这样的城市时，利用水面拍出极具对称效果的夜景建筑是一个不错的选择。夜幕下城市建筑群的璀璨灯光，会在水面折射出五颜六色的、长长的倒影，不禁让人感叹城市的繁华、时尚。

要拍出这样的效果，需要选择一个没有风的天气，否则在水面被风吹皱的情况下，倒影的效果不会太理想。

此外，要把握曝光时间，其长短对于最终的结果影响很大。如果曝光时间较短，水面的倒影中能够依稀看到水流痕迹；而较长的曝光时间能够将水面拍成如镜面一般平整。

焦　　距：135mm
光　　圈：F5.6
快门速度：10s
感 光 度：ISO200

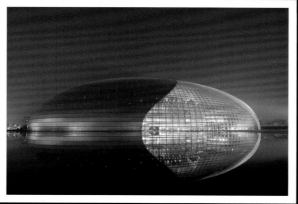

摄影师使用广角镜头且借助水面拍摄的建筑，画面色调绚丽，构图饱满，有种很稳定的美感

逆光拍摄剪影以突出建筑轮廓

虽然不是所有建筑物都能利用逆光拍摄，且对于那些具有完美线条、外形独特的建筑物来说，逆光是最完美的造型光线。

需要注意的是，应该对着天空或地面上较明亮的区域测光，从而使建筑物由于曝光不足而呈现为黑色的剪影效果。

对于那些无法表现全貌的建筑，可以通过变换景别、拍摄角度来寻找其中线条感、结构感较强的局部，如古代建筑的挑檐、廊柱等，将其拍成剪影效果进行刻画。

焦　　距：90mm
光　　圈：F4
快门速度：1/500s
感 光 度：ISO200

在这两张照片中，拍摄者采用逆光的光线及点测光模式，从而让天空层次细腻，而地面景物呈剪影的形式，将建筑物轮廓清晰地表现出来

拍摄城市夜晚车灯轨迹

使用慢速快门拍摄车流经过留下的长长的光轨，是绝大多数摄影爱好者喜爱的城市夜景题材。但要拍出漂亮的车灯轨迹，对拍摄技术有较高的要求。

利用长时间曝光将漂亮的车灯轨迹表现得很有流畅感，也将夜晚点缀得更加绚烂

焦　距：28mm
光　圈：F22
快门速度：53s
感 光 度：ISO100

很多摄友拍摄城市夜晚车灯轨迹时常犯的错误是选择在天色全黑时拍摄，实际上应该选择天色未完全黑时进行拍摄，这时的天空有宝石蓝般的色彩，此时拍摄照片中的天空才会更漂亮。

如果要让照片中的车灯轨迹呈迷人的 S 形线条，拍摄地点的选择很重要，应该寻找能够看到弯道的地点进行拍摄，如果在过街天桥上拍摄，那么出现

在画面中的灯轨线条必然是有汇聚效果的直线条，而不是 S 形线条。

拍摄车灯轨迹一般选择快门优先模式，并根据需要将快门速度设置为 30s 以内的数值（如果要使用超出 30s 的快门速度进行拍摄，则需要使用 B 门）。在不会过曝的前提下，曝光时间的长短与最终画面中车灯轨迹的长度成正比。

夜色中还有许多值得拍摄的景象，例如广场上的音乐灯光喷泉、旋转的摩天轮、树枝上闪烁的彩灯，这些对象都可以灵活应用前面所讲述的拍摄技巧进行拍摄。

由于夜晚光线较暗需要长时间曝光，配合夜晚的灯光，将摩天轮旋转的感觉很好地表现了出来

焦　　距：35mm
光　　圈：F6.3
快门速度：21s
感 光 度：ISO400

霓虹灯在暗色背景的衬托下显得更加璀璨

拍摄城市夜晚燃放的焰火

　　许多城市在重大节日都会燃放烟花，有些城市甚至经常进行焰火表演，例如香港就经常在维多利亚港燃放烟花，在弱光的环境下拍摄短暂绽放的漂亮烟花，对摄影爱好者而言不能不说是一个比较大的挑战。

焦　　距：44mm
光　　圈：F9
快门速度：10s
感 光 度：ISO100

← 暗色的背景更好地衬出了明亮、多彩的焰火，而焰火下呈三角形的光线使画面具有动感效果

　　漂亮的烟花各有精彩之处，但拍摄技术却大同小异，具体来说有三点，即对焦技术、曝光技术、构图技术。

　　如果在烟花升起后才开始对焦拍摄，待对焦成功后烟花也差不多都谢幕了，因此，如果所拍摄烟花的升起位置差不多的话，应该先以一次礼花作为对焦的依据，对焦成功后，切换至手动对焦方式，从而保证后面每次拍摄都是正确对焦的。如果条件允许的话，也可以对周围被灯光点亮的建筑进行对焦，然后使用手动对焦模式拍摄烟花。

　　在曝光技术方面，要把握两点：一是曝光时间，二是光圈大小。烟花从升空到燃放结束，大概只有4~6秒的时间，而最美的阶段则是前面的2~3秒，因此，如果只拍摄一朵烟花，可以将快门速度设定在这个范围内。如果距离烟花较远，为确保画面的景深，应将光圈数值设置为F5.6~F10之间。如果拍摄的是持续燃放的烟花，应当适当缩小光圈，以免画面曝光过度。拍摄时所用光圈的数值，要在遵循上述原则的基础上，根据拍摄环境的光线情况反复尝试，切不可照搬硬套。

　　构图时可将地面有灯光的景物、人群也纳入画面中，以美化画面或增加画面气氛。因此，要使用广角镜头进行拍摄，以将烟花和周围景物纳入画面。

　　如果想在拍摄时得到蒙太奇的效果，让多个焰火叠加在一张照片上，应该使用B门曝光模式。拍摄时按下快门后，用不反光的黑卡纸遮住镜头，每当烟花升起，就移开黑卡纸让相机曝光2~3秒，多次之后关闭快门可以得到多重烟花同时绽放的照片。需要注意的是，总曝光时间要计算好，不能超出合适曝光所需的时间。另外，按下B门后要利用快门线锁住快门，拍摄完毕后再释放。

自然风光、城市风光摄影误区

　　虽然，许多喜爱风光摄影的爱好者每年都拍摄大量的风光照片，但拍出来的照片距离佳片总有一步之遥，这其中最重要的原因就是陷入了摄影误区。

　　如果要详细讲解各类风光题材的摄影误区，用一本书的厚度也不为过，因此下面所讲述的 4 个误区仅是众多误区中的一小部分，笔者希望以点带面，使各位读者通过欣赏佳片、学习摄影理论等方法，提高自己的摄影水平，避免陷入摄影误区。

拍摄误区之一——风光照片色调浑浊反差过小

　　这类照片就是摄影师常说的"片子不通透"，看上去照片灰蒙蒙的，犹如在雾中拍摄。

　　要避免拍出这样的照片，首先要确保拍摄时空气洁净，其次可以通过设置照片风格来加强对比，或者以 RAW 格式保存照片，然后在后期处理时人为提高照片的对比与反差，从而使照片的层次更鲜明、色调更丰富。

拍摄误区之二——风光照片构图呆板

　　构图呆板是一个比较泛泛的概念，但从照片的视觉效果来看，其表现却易于辨别，即画面的形式美感不足、缺少变化，因此显得呆板。常见的情况是，主体位于画面正中心位置，感觉停滞不动；水平线位于画面中间，感觉割裂了画面；主体过大，在画面中"顶天立地"，感觉画面的视线被堵塞了。

　　要避免拍出这样的照片，需要熟记各种构图法则并灵活运用，且要具有二次构图的能力。

拍摄误区之三——风光照片无视觉兴趣点

任何一张照片都必须有明确的视觉兴趣点，或者说视觉焦点，其可能是人、鸟、动物，也可能是一朵花、一片落叶，没有视觉兴趣点的照片看上去犹如白开水般淡而无味，使观者的目光找不到落点。

要避免拍出这样的照片，摄影师在拍摄前就应该确定主体的位置及光照效果，然后通过大小、虚实、明暗、色彩等对比手法将观者的视线吸引到该主体上，从而在画面中形成视觉焦点，如果画面中的元素过多，应该在后期通过二次构图以确保画面有唯一的主体。

拍摄误区之四——拍光比大的场景出现死白或死黑区域

在拍摄光比较大的场景时，如果在镜头前面未安装中灰渐变镜或没有采取包围曝光并在后期合成的处理手法，基本上不可能拍出场景的亮部与暗部曝光都合适的照片，因为数码相机的曝光宽容度远小于人眼。

因此，在拍摄日出日落，或天空的光线较强烈而地面的景物色彩较深暗的场景时，一定要注意运用包围曝光拍摄技术或中灰渐变镜，以避免画面中出现大面积无细节的死白或死黑区域。

焦　距：210mm
光　圈：F4
快门速度：1/125s
感光度：ISO100

第 09 章

Canon EOS 60D
人像、纪实摄影高手实战攻略

时尚美女摄影实战攻略

使用长焦镜头使焦外影像柔美自然

虽然，在85mm左右的焦距下拍摄，摄影师与模特之间能够进行良好的沟通，但长焦镜头也有独到的用处，如果摄影师手中没有一支大光圈镜头，有时很难拍出漂亮的背景虚化效果。

当然，如果用长焦镜头配合大光圈，再使用长焦端进行拍摄，就能够得到更为柔美的背景虚化效果。

另外，在拍摄一些如体育赛事、活动、舞台等场景中的人物时，很多时候由于受到活动场地的限制，摄影师根本无法靠近人物，此时必须使用长焦镜头进行拍摄。

Canon EOS 60D 中长焦镜头推荐

EF 85mm F1.8 USM

这是一款人像摄影专用镜头。佳能共发布了两款人像摄影专用镜头，另一款是 EF 85mm F1.2 L II USM，但它的价格达到了13000余元，并不适合普通摄友。而 EF 85mm F1.8 USM 的价格只有2800元，是非常超值的人像摄影镜头。

这款镜头的最大光圈达到了F1.8，在室外拍摄人像时可以获得非常优异的焦外成像效果，这种散焦效果呈圆形，要比 EF 50mm F1.4 的六边形散焦更加漂亮。不过在使用F1.8最大光圈时会出现轻微的紫边现象，把光圈缩小到F2.8之后，画质会十分优秀。搭载在 Canon EOS 60D 上，由于等效焦距达到了136mm，相当于一支长焦定焦镜头，所以不适合在狭窄的室内使用。

使用200mm镜头拍摄的人像画面，通过虚化背景获得了简洁的画面，模特在画面中显得很突出

焦　　距：200mm
光　　圈：F4
快门速度：1/1000s
感 光 度：ISO200

使用大光圈拍摄柔美的焦外人像

大光圈在人像摄影中起着非常重要的作用，可得到浅景深的美丽虚化效果。同时，它还可以帮助我们在环境光线较差的情况下获得更高的快门速度。拍摄这样的画面时，可选择**大光圈镜头**。如果还要记录下周围的场景，可以适当缩小光圈。

当然，千万不要掉入大光圈只能用来虚化背景的思维陷阱中，巧妙地利用大光圈对前景进行虚化，可以得到人与环境融为一体的理想效果。

利用大光圈虚化了模特周围杂乱的背景，使画面变得简洁，更好地突出了模特的面部神态

焦　　距	：50mm
光　　圈	：F1.8
快门速度	：1/1000s
感 光 度	：ISO100

Canon EOS 60D 大光圈镜头推荐

EF 50mm F1.8 II

这是一款胶片时代的标准镜头，虽然外形稍显丑陋，做工也一般，镜身和卡口都是塑料材质，但成像质量却非常优异，还具有 F1.8 的超大光圈，可以获得非常漂亮的虚化效果，所以非常值得广大摄友拥有。

由于使用在 Canon EOS 60D 上焦距要乘以系数 1.6，等效焦距变成了 80mm，因而十分适合拍摄人像。而佳能 EF 85mm F1.8 人像镜头却要比其贵 4 倍多。

Canon EOS 60D 大光圈镜头推荐

腾龙 AF 17-50mm F2.8 SP XR Di II LD Aspherical IF VC（B005）

该镜头的上一代产品素有"副厂牛头"的美誉，以其卓越的解像力、恒定 F2.8 大光圈及极高的性价比博得了用户的认同，其内部编号为 A16。

2009 年 9 月，腾龙公司推出了这款新镜头，并加入了其最新的 VC 防抖技术，内部编号变为 B005，可满足一些弱光情况下的拍摄要求。这款镜头除了能提供低于安全快门 3 挡左右的防抖功能外，还配有 2 片 XR 高折射率镜片、3 片复合非球面镜片、2 片 LD 低色散镜片、1 片 LD 镜片，可以在色散控制上有更好的表现。但也正是由于这个技术的加入，增加了移动镜片的数量，最终导致画面质量有所损失。

设置曝光补偿拍出皮肤白皙的美人

要拍出皮肤白皙的美女人像，可以在自动测光（如使用光圈优先模式）的基础上，适当增加半挡或 2/3 挡的曝光补偿，让皮肤获得足够的光线而显得白皙、光滑、细腻，而又不会显得过分苍白。因为增加曝光补偿后，快门速度将降低，意味着相机可以吸收更多的光线，因此人像皮肤部位的曝光将更加充分。

而其他区域的曝光可以不必太过顾忌，可以通过构图、背景虚化等手法，消除这些区域曝光过度的负面影响。

焦　　距：50mm
光　　圈：F4
快门速度：1/800s
感 光 度：ISO200

增加曝光补偿后模特的皮肤更加白皙，将少女清秀的气质很好地表现出来

利用点测光模式拍摄皮肤曝光合适的人像

当拍摄环境与模特的明暗反差较大时，使用评价测光拍出的画面容易发灰，被摄者不突出，这时应缩小测光范围，利用准确度较高的点测光模式，对准模特的面部进行测光，这样可得到模特曝光合适的画面，并使模特与其周围的环境分离开，从而使其在画面中显得更加突出。

拍摄深色背景下的模特时，为了得到曝光合适的画面效果，应选择点测光模式对模特进行测光

焦　　距：85mm
光　　圈：F2.2
快门速度：1/60s
感 光 度：ISO800

通过模糊前景突出人物主体

前景常被用于衬托场景气氛，通常可以采取虚化的方式使前景变模糊，从而突出人物主体，拍摄时可通过使用较大光圈来获得小景深的画面效果。

在户外拍摄时，经常使用虚化前景的拍摄手法。例如，可以让模特身处芦苇丛、野花丛之中，通过虚化前景使模特与环境融为一体，使画面显得更加和谐。

高手点拨：在室内拍摄时，可以通过在模特前面抛掷花瓣，然后用稍慢一点的快门速度拍摄，使画面的前景形成虚化的花瓣飘落效果，来增加场景的唯美效果。

焦　　距：200mm
光　　圈：F4
快门速度：1/500s
感 光 度：ISO200

↙ 虚化的前景使模特与环境融为一体，画面看起来整体感很强

光圈的表示及设置方法

光圈值用字母 F 或 f 表示，如 F8 或 f8。整挡光 圈 值 有 F1.4、F2、F2.8、F4、F5.6、F8、F11、F16、F22、F32、F36 等，相邻两挡光圈间的通光量相差一倍，光圈值的变化关系是 1.4 倍，每递进一挡光圈，光圈口径就不断缩小，通光量也逐挡减半。例如，F2 光圈下的进光量是 F2.8 的一倍，但在数值上，后者是前者的 1.4 倍，这也是各挡光圈值变化的规律。

在包括 Canon EOS 60D 在内的所有数码单反相机中，都有光圈优先曝光模式，配合上面的理论，通过调整光圈数值的大小，即可拍摄不同的对象或表现不同的主题。例如，大光圈主要用于人像摄影、微距摄影，通过背景虚化来有效地突出主体；小光圈主要用于风景摄影、建筑摄影、纪实摄影等，小景深让画面中的所有景物都能清晰再现。

实拍操作：在选择光圈优先模式时，可以转动主拨盘调节光圈数值；在手动模式下，转动速控拨盘即可调节光圈数值。

选择散射光拍摄柔美人像

当阳光被云层或其他物体遮挡，不能直接照射到被摄体，只能透过中间介质照射到被摄对象上时，光就会产生散射作用，从而形成散射光。其特点是光比较小，光线较柔和，物体的受光面及阴影部分不明显，明暗反差较小，画面比较柔和，适合于表现女性柔滑、娇嫩的皮肤。这也是为什么在拍摄人像时，经常需要使用各类反光伞、反光板或吸光板的原因，目的就是将光线变为散射光。

如果在室内拍摄人像，可以通过各类反光设备将光线变为散射光；而如果在室外拍摄，则需要选对天气与拍摄时间才能获得散射的光线。如果是晴朗天气，应该在上午 10 点或下午 5 点左右进行拍摄，具体时间也要视当地的太阳位置与光线强度而定；如果是一个稍显阴郁的天气，光线经过云层的折射就会形成散射光，全天基本上都适合拍摄。如果拍摄的天气与时间都不理想，应该寻找有树阴或其他遮盖物的地方拍摄。

↙ 在使用散射光拍摄时，女孩子的脸上不会有明显的阴影，皮肤会显得更加光滑、细腻

焦　　距：200mm
光　　圈：F6.3
快门速度：1/1000s
感 光 度：ISO200

→ 利用散射光拍摄的画面中没有明显的明暗对比，色调清晰柔美，人物肤色显得更加柔和、润滑，将女性柔美的气质表现得恰到好处

焦　　距：200mm
光　　圈：F4
快门速度：1/800s
感 光 度：ISO200

拍摄素雅高调人像

高调人像是指画面的影调以亮调为主，暗调部分所占比例非常小，一般来说，白色要占整个画面的70%以上。高调照片能给人淡雅、纯净、洁静、优美、明快、清秀等感觉，常用于表现儿童、少女、医生等。相对而言，年轻貌美、皮肤白皙、气质高雅的女性更适合于采用高调照片来表现。

在拍摄高调人像时，模特应该穿白色或其他浅色的服装，背景也应该选择相匹配的浅色。

在构图时要注意在画面中安排少量与高调颜色对比强烈的颜色，如黑色或红色，否则画面会显得苍白、无力。

在光线选择方面，通常多采用顺光拍摄，整体曝光要以人物脸部亮度为准，也可以在正常曝光值的基础上增加0.5～1挡曝光补偿，以强调高调效果。

在增加一挡曝光补偿后，使本来亮丽的画面显得更加亮丽、纯净，将穿舞蹈服的模特表现得很清新、淡雅

焦　　距：85mm
光　　圈：F5.6
快门速度：1/1000s
感 光 度：ISO200

高调照片与曝光过度的关系

对高调照片来说，曝光过度是正常的，但这种过度是带有艺术性的，而非破坏性的。换句话说，高调照片可以曝光过度，但曝光过度的照片则不能都称之为高调。

在实际拍摄时，应把握好曝光过度的位置和范围。例如在拍摄人像时，人像以外的区域可以有适当的曝光过度，以利于高调画面的形成；对于人像本身，也可以存在一定的曝光过度，但此时要特别注意把握过度的位置以及面积，例如照射在人脸上的点光形成的曝光过度，则很容易形成破坏性的曝光过度，但如果是照射在身体或头发边缘的光线，适当的曝光过度，反而可以突出人物的轮廓感，同时也有利于表现高调画面。

拍摄个性化低调人像

与高调人像相反，低调人像的影调构成以较暗的颜色为主，基本由黑色及部分中间调颜色组成，亮部所占的比例较小。

在拍摄时要注意在画面中安排少量明亮的浅色，否则照片会显得过于灰暗、晦涩。

如果在室内拍摄低调人像，可以通过人为控制灯光使其仅照射在模特的身体及其周围较小的区域，使画面的亮处与暗处有较大的光比。

如果在室外或其他光线不可控制的环境拍摄低调人像，可以考虑采用逆光拍摄，拍摄时应该对背景的高光位置进行测光，将模特拍摄成为剪影或半剪影效果。

如果采用侧光或顺光拍摄，通常是以黑色或深色作为背景，然后对模特身体上的高光区域进行测光，该区域将以中等亮度或者更暗的影调表现出来，而原来的中间调或阴影部分则再现为暗调。

在弱光环境下，借助自然光拍摄人物，仅使其面部曝光合适，从而形成低调感很强的照片

焦　　距：85mm
光　　圈：F2.2
快门速度：1/500s
感 光 度：ISO100

用低视角拍出模特修长的身材

仰视拍摄可以使被摄人物的腿部显得修长，将人物拍得高大、苗条。由于这种拍摄角度不同于传统的视觉习惯，也改变了人眼观察事物的视觉透视关系，给人的感觉很新奇。人物本身的线条均向上汇聚，夸张效果明显。

在拍摄女性模特时，这种视角极易使原本不十分修长的身材，在画面中显得很修长。采用这种角度拍摄时，要注意让模特稍向下俯视，否则仰视的面部会给人一种傲慢的感觉。

在室内仰视拍摄模特，可使其身材显得修长，脸显得很小，同时模特衣服的深蓝色与背景色相似，画面看起来很和谐。

焦　距：50mm
光　圈：F7.1
快门速度：1/60s
感光度：ISO500

恰当安排陪体美化场景

对普通人或部分初入行的模特来说，摆姿时手的摆放是一个较难解决的问题，手足无措是她们此时最真实的写照。如果能让模特手里拿一些道具，如一本书、一簇鲜花、一把吉他、一个玩具、一个足球或一把雨伞等，都可以帮助她们更好地表现拍摄主题，更自然地摆出各种造型。

另外，道具有时也可以成为画面中人物情感表达的通道和构成画面情节的纽带，让人物的表现与画面主题更紧密地结合在一起，从而使作品更具有感染力。

彩色的气球随意散落在模特周围，不仅丰富了画面的色彩，也将模特衬托得更加俏皮、可爱

焦　距：	50mm
光　圈：	F6.3
快门速度：	1/400s
感 光 度：	ISO200

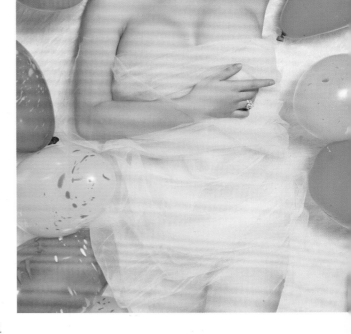

采用俯视角度拍摄美女瘦脸效果

俯视拍摄有利于表现被摄人物所处的空间层次，在拍摄正面半身人像时，能起到突出头顶、扩大额部、缩小下巴、掩盖头颈长度等作用，从而获得较理想的脸部清瘦的效果。

这种视角很适合表现女孩的面部，因为在拍摄时由于透视的原因，可以使女孩的眼睛看起来更大，下巴变小，突出被摄者的妩媚感，这也是为什么当前有许多自拍者，都采用手持相机或手机从头顶斜向下自拍面部的原因。

从上往下拍摄的画面，由于透视关系发生变化，人物面部显得清瘦、妩媚，眼睛看起来更加楚楚动人

焦　距：	35mm
光　圈：	F7.1
快门速度：	1/800s
感 光 度：	ISO200

高手点拨：如果画面中被摄人物的四周留有较大空间，可以使画面呈现出孤单、寂寞的效果。

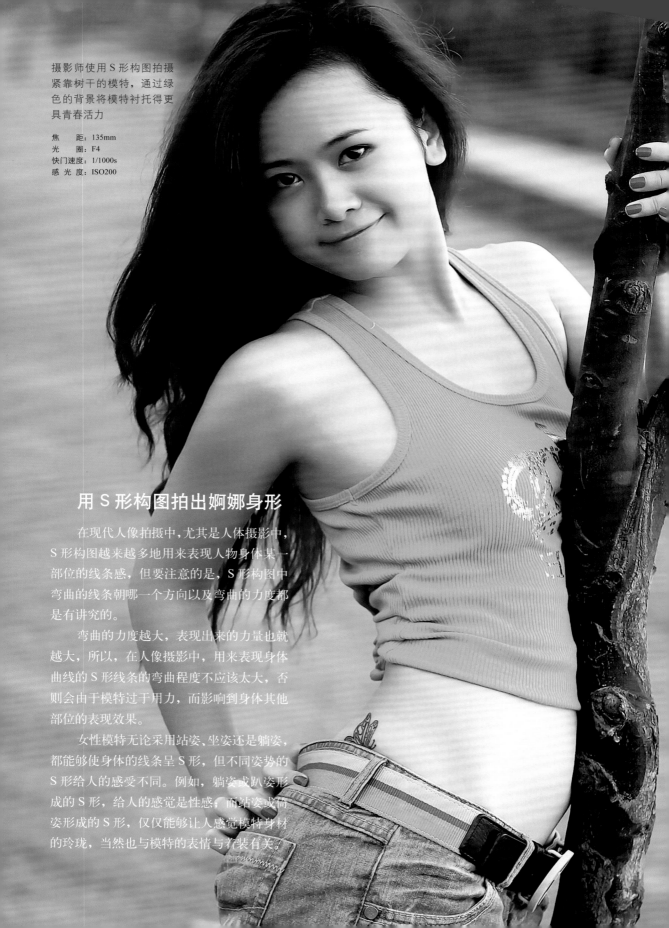

摄影师使用S形构图拍摄紧靠树干的模特，通过绿色的背景将模特衬托得更具青春活力

焦　距：135mm
光　圈：F4
快门速度：1/1000s
感光度：ISO200

用S形构图拍出婀娜身形

在现代人像拍摄中，尤其是人体摄影中，S形构图越来越多地用来表现人物身体某一部位的线条感，但要注意的是，S形构图中弯曲的线条朝哪一个方向以及弯曲的力度都是有讲究的。

弯曲的力度越大，表现出来的力量也就越大，所以，在人像摄影中，用来表现身体曲线的S形线条的弯曲程度不应该太大，否则会由于模特过于用力，而影响到身体其他部位的表现效果。

女性模特无论采用站姿、坐姿还是躺姿，都能够使身体的线条呈S形，但不同姿势的S形给人的感受不同。例如，躺姿或趴姿形成的S形，给人的感觉是性感；而站姿或蹲姿形成的S形，仅仅能够让人感觉模特身材的玲珑，当然也与模特的表情与着装有关。

用遮挡法掩盖模特脸型缺陷

有时被摄者的脸型也许不尽如人意，在拍摄时可通过调整拍摄角度或利用发型、道具等进行局部遮掩的方法，来获得比较美观的画面效果。

但要注意的是，在遮掩脸部时，要着重表现被摄者的眼神，使观者的注意力随之转移，将画面的兴趣点转移到人物的眼睛上。

在使用大光圈得到虚化背景的同时，摄影师采用遮掩的方法将头戴贝雷帽的模特拍得娇俏动人

焦　　距：85mm
光　　圈：F6.3
快门速度：1/1000s
感 光 度：ISO200

摄影师通过遮挡的方法将人物拍得纤细柔美，但又充满青春活力

用反光板为人物补光

反光板是拍摄人像时使用频率较高的配件，通常用于为被摄人物补光。例如，当模特背向光源时，如果不使用反光板进行正面补光，则拍摄出来的照片中模特的面部会显得比较暗。

很多反光板都是五合一组合型的，即同时带有金、银、黑、白和灰色的柔光板。常见的反光板尺寸有 50mm、60mm、80mm 和 110mm 等。如果只是拍摄半身像，使用 60mm 左右的反光板就足够了；

如果经常拍摄全身像，那么建议使用 110mm 以上的反光板。

常见的反光板形状有圆形和矩形两种，其中矩形反光板的反光效果更好，但携带不够方便；而圆形反光板虽然反光效果略逊色一些，但它可以折叠起来装在一个小袋子（通常在购买时厂商会附送一个）里，携带非常方便。

焦　　距：200mm
光　　圈：F5
快门速度：1/50s
感 光 度：ISO100

用反光板在模特的正面补光，使其脖子、眼袋、鼻下不会由于背光，而在画面中显得比较暗。此外，使用反光板可增强模特面部的光照效果，使人物显得更白皙、柔美

金色反光板

金色反光板在人像摄影中常被用到，因为不论是晴天拍摄，还是阴天拍摄，金色反光板都可以起到改变画面中被摄体色调的作用。尤其是在寒冷的秋冬季节拍摄人像时，使用金色反光板可以让观者从画面中感受到些许温馨。

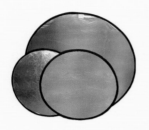

银色反光板

在阴天、多云的天气下，我们往往会使用阴天白平衡进行拍摄，否则画面可能会偏黄。在阴天拍摄人像时，为了纠正脸部的偏色，需要选择银色反光板，这样可以让被摄者的肤色更加亮丽，特别适合拍摄肤色偏黄的人。

柔化光线——透光板

透光板透光但并不透明，不论是在阳光明媚的正午时分，还是在亮度较大的灯光下，只要在被摄者与光源之间使用透光板，就可以将原本生硬的直射光线变成柔和的散射光线，从而使拍摄出来的画面具有柔和的质感。

使被摄体轮廓更鲜明——吸光板

吸光板就是黑色反光板，由于黑色具有吸收其他颜色光和热的作用，因而可以避免出现使用平均布光方式时被摄体表现比较平淡的现象。如果使用其他黑色物体代替吸光板，也可以获得同样的拍摄效果。

焦　　距：85mm
光　　圈：F4
快门速度：1/800s
感 光 度：ISO200

↑ 利用银色反光板为背光的一侧进行补光，使模特脸部显得很白皙、细腻

儿童摄影实战攻略

利用中长焦镜头拍摄真实自然的儿童照

为了避免孩子在看到有人给自己拍照时感到紧张，最好能用中长焦镜头，这样摄影师可以站在相对较远的位置，从而在尽可能不影响孩子的情况下，拍摄到孩子最真实、自然的状态。

这一点实际上与为某些对镜头敏感的成人拍照颇有相似之处，只不过孩子在这方面更敏感一些。当然，如果能让孩子完全无视您的存在，这个问题也就迎刃而解了。

如果能够让孩子将相机当成一个玩具，也能够解决这个问题，但这样做的危险是有可能损坏相机。

高手点拨：拍摄时使用的中长焦镜头最好带有防抖功能，或者使用比安全快门更高的快门速度，否则使用长焦端拍摄时，手部轻微的抖动，都可能导致拍出的照片变模糊。

摄影师用长焦镜头将海边嬉戏的小女孩的动作抓拍了下来，画面很真实、生动

焦　　距：	200mm
光　　圈：	F10
快门速度：	1/1000s
感 光 度：	ISO200

为了不打扰到开怀大笑的孩子，利用长焦镜头在远处拍摄，得到这幅神情很有感染力的画面

焦　　距：	180mm
光　　圈：	F8
快门速度：	1/1250s
感 光 度：	ISO200

用近景及特写表现儿童娇嫩皮肤

儿童粉嘟嘟的脸蛋常常是摄影师的最爱，在拍摄时可以利用特写或近景进行表现，这实际上就是画论中提到的"近取其质"。

拍摄时应选择较柔和的光线，用长焦镜头远距离拍摄或中焦镜头近距离拍摄，使其面部尽量充满画面，从而得到简洁的画面，这样才可突出表现其粉嫩的皮肤。

高手点拨：为了使孩子的皮肤在画面中显得更加白皙，可以适当增加 0.5 挡至 1 挡曝光补偿。

从孩子厚实打扮中可看出天气的寒冷，红扑扑的脸蛋凸显出肌肤的娇嫩

| 焦　　距：200mm |
| 光　　圈：F5 |
| 快门速度：1/800s |
| 感 光 度：ISO400 |

| 焦　　距：200mm |
| 光　　圈：F4 |
| 快门速度：1/800s |
| 感 光 度：ISO800 |

摄影师用长焦镜头将小女孩的面部充满画面，其娇嫩的皮肤和明亮的大眼睛很打动人心

利用玩具吸引孩子的注意力

在儿童摄影中，陪体通常指的就是玩具，无论是男孩子手中的玩具枪、水枪，还是女孩子手中的皮筋、娃娃，都能够在画面中与儿童构成一定的情节，并使孩子更专心于玩耍，而忘记镜头的存在，此时摄影师就能够比较容易地拍摄到儿童专注的表情。

因此，许多专业的儿童摄影工作室，都备有大量的儿童玩具，其目的也仅在于吸引孩子的注意力，使其处于更自然、活泼的状态。

在拍摄孩子时不妨给她一个玩具，这样会更容易拍到趣味性强的作品，使孩子显得更加可爱

焦　　距：200mm
光　　圈：F4
快门速度：1/1000s
感光度：ISO200

通过抓拍捕捉最自然、生动的瞬间

要表现儿童自然、生动的神态，最好在儿童玩耍的过程中抓拍，这样可以拍摄到最自然、生动的画面，同时照片也具有一定的纪念意义。如果拍摄者是儿童的父母，可以一边参与儿童的游戏，一边寻找合适的时机，以足够的耐心眼疾手快地定格精彩瞬间。

拍摄时应该选择快门优先曝光模式，并根据拍摄时环境的光照情况，将快门速度设置为可以得到正常曝光效果的最高快门速度，必要时可以适当提高 ISO 数值（感光度在 ISO800 以下时，Canon EOS 60D 的画质都比较优秀），这样才能够定格孩子生动的瞬间。

为了不放过任何一个精彩的瞬间，在拍摄时应该将快门驱动模式设置为连拍模式。

↰ 按下<DRIVE>按钮并旋转主拨盘🔄或者速控拨盘◯，可选择不同的驱动模式

高手点拨：如果取景器和液晶显示屏上显示"buSY"，相机暂时不能继续拍摄，表明相机内部缓存已被占满，此时应该暂停拍摄，待相机将照片全部存入存储卡后再进行拍摄。如果在取景器和液晶显示屏上显示"FuLL"，表明存储卡已满，待数据处理指示灯停止闪烁后，更换存储卡即可。

↲ 利用连拍模式，将男孩子淘气跳水的过程记录了下来

为幼儿拍照避免使用闪光灯

闪光灯的瞬间强光对幼儿尚未发育成熟的眼睛有害，因此，拍摄时一定不要使用闪光灯。在室外拍摄时，通常比较容易获得充足的光线；而在室内拍摄时，应尽可能打开更多的灯或选择在窗户附近光线较好的地方，以提高光照强度，然后配合高感光度、镜头的防抖功能及倚靠物体等方法，以保证获得清晰的画面。

在自然光下拍摄，婴儿不会受到强光的惊扰，所以表情也很自然

记录儿童成长历程不要只拍摄笑容

俗语中将多变的天气称为小孩的脸，足以证明儿童的表情极为丰富、多变，因此，如果要完整地记录儿童成长的历程，就不能将镜头只对准他们的笑容，还应该记录他们生气、迷惑、哭泣的画面。

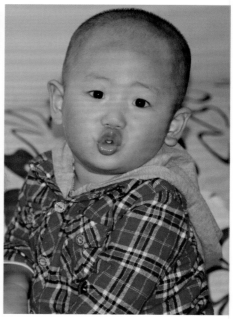

如果将孩子喜怒哀乐的任何一面都记录下来的话，可作为珍贵的成长资料，在以后翻阅时，可感受其真实的童年生活

旅游纪实摄影实战攻略

　　如果有机会外出旅游，一定要趁机将当地的美景和民俗风情记录下来。在拍摄美景时，要选择具有地域特色的景观进行表现，因此外出之前就要对当地的美景及周围环境进行了解。比如，该景观什么位置最好取景，有什么特点，什么时候拍摄效果最好等。而在拍摄当地人时，需要先了解当地的风俗习惯，不要触犯对方的忌讳，在取得对方同意后才可进行拍摄，避免因误会而引起冲突。

利用标准镜头拍摄得到这张自然淳朴、真实生动的画面，准确地记录了当地日常生活的一角

焦　　距：50mm
光　　圈：F2
快门速度：1/1600s
感 光 度：ISO100

小男孩向远处凝望的神情，被敏锐的摄影师给抓拍了下来，画面很真实自然，给人留下了想象的空间

焦　　距：185mm
光　　圈：F3.5
快门速度：1/500s
感 光 度：ISO100

体育纪实摄影实战攻略

拍摄体育纪实题材时，为了将运动员精彩的运动瞬间定格下来，应选择较高的快门速度。如果是在户外拍摄正常走动的运动员，使用 1/250s 左右的快门速度即可；如果运动员做幅度较大的剧烈运动，则应该设置更高的快门速度。

另外，在拍摄之前，应该预先做好测光和构图工作，避免被摄者冲出画面之外而失去拍摄时机。这种情况多出现在高速运动的人像拍摄中，往往是摄影师还没有来得及改变构图，人物的运动就已经完成了。

除了抓拍运动中的人物以外，我们也可以采用跟随拍摄的方式，表现出人物运动时的动感。

这种跟拍运动人物的技法，也同样适用于表现汽车等运动物体的动感，读者可以参考上述方法，自己尝试进行拍摄。

摄影师采用追随拍摄记录下了自行车选手比赛的瞬间，背景拉出的虚线使画面看起来很有动感

焦　　距：100mm
光　　圈：F5
快门速度：1/60s
感 光 度：ISO1000

使用高速快门，将球员顶球的精彩瞬间凝固了下来

焦　　距：300mm
光　　圈：F6.3
快门速度：1/2000s
感 光 度：ISO1600

人像拍摄误区

拍人像易，拍好人像难，因为人像是最容易分辨出优劣的一种摄影题材，因此对于新手而言，最低的要求是不能犯人像摄影常见的错误。

拍摄误区之一——地面及前景、背景出现杂物

为了得到简洁的画面效果，在拍摄时需要注意地面环境，如果太过杂乱就不要纳入画面，以免破坏画面效果。如果不能够更换拍摄场地，可以采取仰视拍摄，以蓝天为背景营造出简洁的画面效果。

除了地面杂物外，人像背景处的杂物，如树枝、电线杆、路标等，也需要注意回避，因为这些杂物将在画面中与模特的形象相互重叠，使被摄者像头顶"长树"、身体被电线杆"穿过"一样。同理，前景的杂物也要避免进入画面，以保持画面的整洁及突出人物主体。

拍摄误区之二——人像过小、姿势呆板

人像在画面中所占比例过小，也是初上手拍摄人像的爱好者容易出现的失误。拍摄这种照片的初衷往往是为了强调人像周围的环境，但最终得到的照片却类似于到此一游的纪念照，而不是一张人像照片。

照片中人像的姿势虽然看上去是模特自身的问题，但实际上与摄影师也有很大关系，因为在拍摄时，摄影师有责任引导模特，使其摆出更美的姿势，这样既可以使照片更具美感，又可以通过姿势与动作使照片更具情节性。

拍摄误区之三——人物出现残肢断臂、眼睛无神

断臂的维纳斯能够给人一种残缺的美感，但实际上相对于这种残缺的美，绝大多数人更愿意欣赏那种健康、完整的人像，因此摄影师所拍摄的人像照片如果不是为少数个性化人群定制拍摄的，就应该把握住"完整是完美的必要条件"这样一个基本原则。即使照片中实在无法将完整的人像纳入画面之中，也应该确保人像不要从关节、躯体的中间位置被切掉。

拍摄误区之四——拍出背景黑暗的夜景人像

绝大多数刚上手拍摄人像的摄友在拍摄夜景人像或在弱光条件下拍摄人像时，都会使用闪光灯照亮人像，而所拍出照片的背景则呈现为一片漆黑。大多数情况下，要拍出漂亮的夜景人像，应该使用慢速同步闪光功能，使模特与背景都得到正确的曝光，同时还应使用三脚架保证相机的稳定。

第 10 章

Canon EOS 60D
生态自然摄影高手实战攻略

焦　　距：200mm
光　　圈：F2.8
快门速度：1/250s
感 光 度：ISO2000

花卉摄影实战攻略

用广角镜头拍摄花丛

在表现大面积的花海时，可选择**广角镜头**拍摄，由于广角镜头的视野比较广，可纳入较多的景物，能将花海表现得很有气势。拍摄时可配合小光圈的使用，使画面的清晰范围变大。

↳ 利用广角镜头将大片的花海纳入画面中，黄色的花海在青山和人物的衬托下显得格外有气势

焦　距：	17mm
光　圈：	F8
快门速度：	1/125s
感光度：	ISO100

⬤ Canon EOS 60D 广角镜头推荐

EF-S 10-22mm F3.5-4.5 USM

这款镜头用在 Canon EOS 60D 上的等效焦距为 16~35mm，覆盖了从超广角至 35mm 小广角的视角，非常适合拍摄风光。在风光摄影中，为了获得最大的景深，通常会使用很小的光圈，所以 F3.5~F4.5 的最大光圈完全够用了。

该款镜头采用了内对焦设计，在一定程度上减少了镜头的体积，提高了镜头使用的便捷性。

运用超焦距获得最佳景深

简单来说，超焦距即指通过焦距与光圈的组合，使得某个物距之外获得最大景深的设置，即此范围内的景物是完全清晰的，我们可以通过公式或镜头手册提供的超焦距表来获得超焦距。

超焦距 = 镜头焦距 + 镜头焦距的平方除以弥散圆直径与光圈之积

在这个公式中，全画幅相机的容许弥散圆直径可采用 0.034 或 0.03 的近似值，而 APS-C 画幅的相机可采用 0.022 或 0.02 的近似值。对 Canon EOS 60D 这种 APS-C 画幅相机来说，例如在 24mm，F8 时，其超焦距为 3.6 米，景深范围为 1.8 米至无限远，也就是此时在对 3.6m 以外的景物拍摄时，可获得 1.8 米至无限远的景深。

用微距镜头拍摄花卉的细节

如果拍摄花卉的局部特写，可以使用**微距镜头**。微距镜头可以对花朵进行放大，甚至可以达到1：1、1：2、2：1的放大倍率，这种效果是其他镜头无法比拟的，能产生非常震撼的视觉效果，也更能凸显花卉的色彩和形状特点等。

另外，使用微距镜头的大光圈可以对背景进行虚化，使背景更柔和、漂亮。

要注意的是，微矩镜头的景深非常浅，使用时要注意对焦的精准性，通常采用手动对焦方式进行对焦。

焦 距：	100mm
光 圈：	F3.5
快门速度：	1/500s
感 光 度：	ISO200

↙ 利用微距镜头可以获得小景深的画面，对于表现花蕊细节是不错的选择

EF-S 60mm F2.8 USM

这是佳能专为 APS-C 画幅数码单反相机设计的微距镜头，在它身上应用了不少尖端技术，包括 USM 超声波马达、内对焦／后对焦、全时手动对焦、浮动对焦和圆形光圈等。等效焦距为96mm，约和全画幅的100mm 微距镜头相当。对于喜欢微距摄影的摄友来说，这款镜头是不二的选择。

该镜头成像质量非常高，清晰度也不错，没有出现明显的四角失光和变形的情况。但是使用最大光圈的成像稍显松散，但缩小至 F5.6 之后就会有非常不错的表现。尤其是缩小至F11 时，表现非常优异。当然，这款镜头也有一些缺点，就是它并不具备对焦区域选择模式，不像其他微距镜头，可以选择对焦的范围，这样在一定程度上降低了对焦速度。

拍摄微距时如何为拍摄对象补光？

在拍摄微距时，摄影师通常与拍摄对象之间的距离都很近，因此普通的闪光灯（包括内置与外置闪光灯）都无法直接将光线照射在被摄对象上，因此通常需要使用微距专用的闪光设备。

↖ 上面两图分别为佳能 MT-24EX 微距专用双头闪光灯和环形闪光灯套装，可以很好地为微距摄影提供照明服务

运用逆光表现花朵的透明感

很多花卉在逆光下会显得非常漂亮，因为在逆光下花瓣会呈半透明状，花卉的纹理也能非常细腻地表现出来，画面显得纯粹而透明，给人以很柔美的视觉感受。

采用逆光拍摄，配合大光圈的使用，得到了被虚化并带光斑的背景，紫色透明的花卉给人很梦幻的感觉

焦　　距：200mm
光　　圈：F4
快门速度：1/400s
感 光 度：ISO200

以深色或浅色为背景拍摄花朵

要拍好花朵，控制背景是非常关键的技术之一，通常可以通过深色或浅色背景来衬托花朵的颜色，此外还可以用大光圈、长焦距来虚化背景。

对于浅色的花朵而言，深色的背景可以很好地表现花卉的形体。拍摄时想要获取黑色背景，只要在花卉的背后放一块黑色的背景布就可以了。如果手中的反光板就有黑面，也可以直接将其放在花卉的后面。在放置背景时，要注意背景布或反光板与

花朵之间的距离，只有距离合适，获得的纯色背景才会比较自然。在拍摄时，为了让花卉获得准确曝光，应适当做负向曝光补偿。

同样，对于那些颜色比较深的花朵而言，应该使用浅色的背景来衬托，其方法同样可以利用手中浅色或白色的反光板或纸片、布纹等物件，由于背景的颜色较浅，因此拍摄时要适当做正向曝光补偿。

焦　　距：60mm
光　　圈：F5
快门速度：1/500s
感 光 度：ISO100

在深色背景衬托下，黄色的花蕊颜色显得很浓郁，花蕊上的水珠看起来也很晶莹剔透

通过水珠拍出花朵的娇艳感

通常在湿润的春季，清晨时花草上都会存留一些晨露。很多摄影师喜欢在早晨拍摄这些带有晨露的花朵，这时的花朵也因为晨露的滋润而显得格外饱满、艳丽。

要拍摄有露珠的花朵，最好用微距镜头以特写的景别进行拍摄，分布在叶面、叶尖、花瓣上的露珠不但会给予其雨露的滋润，还能够在画面中形成奇妙的光影效果，景深范围内的露珠清晰明亮、晶莹剔透，而景深外的露珠则形成一些圆形或六角形的光斑，装饰美化着背景，给画面平添几分情趣。如果没有拍摄露珠的条件，也可以用小喷壶对着花朵喷几下，从而使花朵上沾满水珠。要注意的是，洒水量不能太多，向花卉上喷洒一点点水雾即可。

↰ 散落在紫色花卉上大小不一、错落有致的水珠将花卉点缀得更加饱满、娇艳，利用小光圈拍摄可使画面变得主次分明

焦　距：60mm
光　圈：F3.5
快门速度：1/400s
感光度：ISO200

以天空为背景拍摄花朵

如果拍摄花朵时其背景显得很杂乱，而手中又没有反光板或类似的物件，可以采用仰视拍摄的方法，使天空成为花朵的背景，以简化其背景。

这样拍摄出来的画面，不仅简洁、干净，而且看起来比较明亮，天空中纯净的蓝色与花卉鲜艳的色彩形成对比与呼应，强化了画面氛围的呈现。

如果所拍摄花朵的位置比较低，则摄影师可能需要趴在地面上才能够进行仰视拍摄，此时若相机的液晶显示屏可以旋转，通过旋转液晶显示屏进行实时显示取景，则拍摄起来会更加容易。

↖ 洁白的荷花在蓝天白云的衬托下显得尤为纯净、安宁，整个画面感觉很清新、明亮

焦　　距：10mm
光　　圈：F2.8
快门速度：1/8000s
感 光 度：ISO200

露珠摄影实战攻略

选择合适器材拍摄露珠

通常挂在花瓣或小草嫩叶上的水滴都不会太大，否则就会因为自重而滑落，而如果要对这些小小的水滴进行放大拍摄，最低的要求是使用专业的微距镜头，这样才能够以较大的倍率在画面中放大水滴。

更专业的做法是使用近摄接圈或镜头皮腔，以 DIY 的形式来获得更大的放大倍率。

焦　　距：60mm
光　　圈：F4
快门速度：1/500s
感光度：ISO200

在微距镜头下，将体积较小的露珠放大拍摄，使其显得更加饱满、诱人，缩小光圈后水珠呈现星芒效果，画面看起来很璀璨

用曝光补偿使露珠更明亮

根据"白加黑减"的曝光补偿理论，在拍摄有水滴附着及阳光照射的明亮花草时，应该做正向曝光补偿，以弥补相机的测光失误。但这个规则并非绝对，如果拍摄的水滴所附着的花草本身色彩较暗，例如墨绿色或紫色，则非但不能够做正向曝光补偿，反而应该做负向曝光补偿，这样才能够在画面中突出水滴的晶莹质感。

由于是拍摄黄色花卉上的水珠，可以增加曝光补偿使画面更明亮，也使大大小小的水滴的透明感更强

焦　　距：200mm
光　　圈：F4
快门速度：1/400s
感光度：ISO400

用逆光拍摄出晶莹剔透的露珠

为了使拍摄出来的水滴能够折射太阳的光线，从而使水滴在画面中表现出晶莹剔透的质感与炫目光芒，在拍摄时最好采取逆光，此时露珠的背景通常比较暗，因此更能将晶莹透亮的露珠衬托出来。

利用逆光表现露珠时，高光部分与背光的背景形成强烈的明暗对比，将露珠衬托得更加晶莹剔透

焦　　距：150mm
光　　圈：F7.1
快门速度：1/125s
感 光 度：ISO200

如何拍好露珠上折射的景物

如果使用的是放大倍率为 1 ∶ 1 的微距镜头，或能够以大于 1 ∶ 1 放大倍率进行拍摄的更专业的微距拍摄设备，可以考虑以较近的距离拍摄水滴上折射出来的景物。为了拍出这种效果，水滴的周围应该有可供光线折射的丰富景象，拍摄时应该将焦点对在水滴的轮廓处，这样可以拍出边缘清晰、锐利的水滴。

如果在拍摄时选择小光圈，水滴的轮廓可能会更清晰，但在获得相同曝光量的前提下，快门速度会较慢，对手持相机拍摄会有不利影响。

而如果以大光圈拍摄，水滴的轮廓可能不会很清晰，但可以获得较快的快门速度，而且也能够在所拍摄的主体水滴前后形成虚化，使位于其前后的水滴在画面中表现为光彩夺目的弥散圆点。因此，摄影师应该根据当时的拍摄条件或希望得到的画面效果，灵活确定应使用多大的光圈。

焦　　距：135mm
光　　圈：F2
快门速度：1/400s
感 光 度：ISO200

为表现出露珠上漂亮的画中画效果，摄影师采用大光圈虚化背景，从而得到色调艳丽、主体突出的画面

昆虫摄影实战攻略

使用合适的器材拍摄昆虫

微距镜头无疑是拍摄昆虫时的最佳选择，微距镜头可以按照 1 : 1 的放大倍率对被摄体进行放大，这种效果是其他镜头无法比拟的。使用微距镜头拍摄时，还可以把无关的背景虚化掉，其唯一的缺点是价格比较昂贵。

长焦镜头也可以用于拍摄昆虫的特写，例如比较廉价的 70-300mm 镜头。如果预算充足的话，可以选择 70-200mm F2.8 的大光圈镜头，长焦并配合 F2.8 的大光圈，可以得到非常漂亮的主体清晰、背景虚化的效果。

如果只是想体验一下拍摄昆虫的感觉，可以选择近摄镜。近摄镜可以缩短拍摄距离，达到 1 : 1 的放大比例，其对焦范围约在 3 ～ 10mm 左右。根据放大倍率的不同，近摄镜可分为 NO.1、NO.2、NO.3、NO.4 和 NO.10 等多种型号，其最吸引人之处是价格非常便宜，往往只需要几十元，但拍出的图像质量较差。

● Canon EOS 60D 长焦镜头推荐

EF 70-200mm F4 L USM

这款镜头使用了两片 UD 超低色散镜片和 1 片萤石镜片，影像表现非常优秀。镜头的分辨率极高，出现四角失光的概率非常低，几乎觉察不到变形，即使使用 F4 的最大光圈，也有很高的分辨率。使用在 Canon EOS 60D 上，等效焦距变成了 112~320mm，大大地拓展了长焦段的性能。

佳能共有四款 70~200mm 的远摄变焦镜头，分别是"小白"、"防抖小白"、"小小白"、"防抖小小白"（其中"小白"和"防抖小小白"的价格相差不大，至于是选择"大光圈"还是"防抖功能"，就是仁者见仁智者见智了），而"小小白"则是这四款镜头中价格最便宜的，但其同样有着极高的成像质量。

使用长焦镜头拍摄的昆虫，小景深的画面中昆虫的细节部分也清晰可见，由于昆虫身体的颜色与背景的颜色非常相似，画面看起来很和谐

焦　距：100mm
光　圈：F8
快门速度：1/160s
感光度：ISO200

手动对焦拍摄昆虫以实现精确对焦

对于拍摄昆虫而言，必须将焦点放在非常细微的地方，如昆虫的复眼、触角、粘到身上的露珠以及花粉等位置，但要使拍摄达到如此精细的程度，相机的自动对焦功能往往很难胜任。因此，通常应使用手动对焦功能，以便进行准确对焦，从而获得质量更高的画面。

如果所拍摄的昆虫属于警觉性较低的类型，应该使用三脚架以帮助对焦，否则只能通过手持的方式进行对焦，以应对昆虫可能随时飞起、逃离等突发情况。

手动对准昆虫的眼睛对焦拍摄的小景深昆虫画面，将昆虫头部拍得非常清晰

焦　　距：65mm
光　　圈：F6.3
快门速度：1/125s
感 光 度：ISO400

拍摄昆虫宜使用高速快门

大多数昆虫都容易被惊扰而逃离，且行动迅捷，因此通常都采用高速快门拍摄。

获取高速快门有如下 4 种方法。

● 使用大光圈：加大光圈可提高通光量，这样就可以使用较高的快门速度了。

● 使用高感光度：但过高的感光度会造成画面质感较粗糙，颗粒变大，而微距照片首先要保证的品质就是画面细腻，所以对于 Canon EOS 60D 而言，不宜使用超过 ISO800 的感光度。

● 使用闪光灯：在拍摄身体较长的昆虫，如螳虫、螳螂、毛毛虫等时，要保证其身体均在清晰的景深范围内，就要使用小光圈进行拍摄。但这样将导致快门速度降低，因此要使用闪光灯进行补光，为了避免闪光时直接照射在昆虫身上而导致画面过曝，应在闪光灯上加装柔光罩。

● 选择在早上太阳初升的时候拍摄昆虫：长夜过后，昆虫的体温正在回升，但早晨的露水会减缓它们的活动，光线又比较好，此时拍摄会比较容易。

利用长焦镜头拍摄的清晨停在花卉上的蜻蜓，为了避免蜻蜓突然飞起时快门速度不够，可利用闪光灯提高快门速度

为相机闪光灯自制柔光罩

焦　　距：200mm
光　　圈：F3.5
快门速度：1/1250s
感 光 度：ISO400

重点表现昆虫的眼睛使照片更传神

在拍摄昆虫时，要尽量将昆虫头部和眼睛的细节特征表现出来。这一点实际上与拍摄人像一样，如果被摄主体的眼睛对焦不实或没有眼神光，照片就显得没有神采。因为观者在观看此类照片时，往往会将视线落在照片主体的眼睛位置，因此传神的眼睛会令照片更生动，并吸引观者的目光。

要清晰地拍出昆虫的眼睛并非易事，首先，摄影师必须快速判断出昆虫眼睛的位置，以便于抓住时机快速对焦；其次，昆虫的眼睛大多不是简单的平面结构而呈球形，因此在微距画面的景深已经非常小的情况下，将立体结构的昆虫眼睛完整地表现清楚并非易事。要解决这两个问题，前者依靠学习与其相关的生物学知识，后者依靠积累经验，找到最合适的景深与焦点位置。

要拍摄出类似于跳蛛这样有明亮眼睛的昆虫，可使用强光或闪光灯打亮眼睛，使其看起来闪闪发亮

焦　　距：65mm
光　　圈：F8
快门速度：1/160s
感 光 度：ISO200

正确选择焦平面位置拍摄昆虫

焦平面是许多摄影爱好者容易忽视的问题，但却对于能否拍出主体清晰、景深合适的昆虫照片是至关重要的。由于微距摄影的拍摄距离很近，因此景深范围很小。在拍摄时如果不能正确选择焦平面的位置，将要表现的昆虫细节放在一个焦平面内，并使这个平面与相机的背面保持平行，那么要表现的细节就会在景深之外而成为模糊的背景。

最典型的例子是拍摄蝴蝶，如果拍摄时蝴蝶的翅膀是并拢的，那么就应该调整相机使机背与翅面平行，镜头垂直于翅膀，这样准确对焦后，才能将蝴蝶清晰地拍摄出来。

由于拍摄不同昆虫所要表现的重点不一样，因此在选择焦平面时也没有一定之规，但最重要的原则就是要确保希望表现的内容尽量在一个平面内。

表现蝴蝶时，为将其美丽的翅膀表现得更加完整，可选择侧面进行拍摄，在虚化的背景衬托下，翅膀上的花纹清晰可见

焦　　距：200mm
光　　圈：F4
快门速度：1/1000s
感 光 度：ISO800

动物摄影实战攻略

提高 ISO 数值以提高快门速度

小动物们总是喜欢跑跑跳跳，拍摄时为了能够清晰地抓拍到它们，应尽量使用较高的快门速度。由于小动物总是处于运动的状态，景深不宜过小，所以不能使用太大的光圈，可通过选择较高的**感光度**来提高快门速度。

└ 增加感光度后，快门速度也可提高，将夕阳下在水里嬉戏的狗狗拍摄得很清楚

焦　　距：	200mm
光　　圈：	F3.5
快门速度：	1/800s
感 光 度：	ISO1600

感光度设置方法

数码相机的感光度概念是从传统胶片感光度引入的，它是用各种感光度数值来表示感光元件对光线的感光敏锐程度的，即在相同条件下，感光度越高，获得光线的数量也就越多。但要注意的是，感光度越高，产生的噪点就越多，而低感光度画面则清晰、细腻，细节表现较好。

Canon EOS 60D 作为 APS-C 画幅相机，在感光度的控制方面非常优秀。其常用感光度范围为 ISO100~ISO6400，并可以向上扩展至 H（相当于 ISO12800），在光线充足的情况下，一般使用 ISO100 的设置即可。

对 Canon EOS 60D 来说，在 ISO200 以内，能获得非常优秀的画质。在 ISO400~ISO800 区间，Canon EOS 60D 的画质比低感光度时有相对明显的降低，但是依旧可以用良好来形容。在 ISO1600~ISO3200 时，画面的细节还比较好，但已经有明显的噪点了，尤其在弱光环境下表现得更为明显，因此，除非必要，否则不建议使用 ISO1600 以上的感光度。

└ 按下肩屏上的ISO按钮，然后转动主拨盘🖐或速控拨盘◎，即可调节 ISO 感光度的数值

使用长焦镜头拍摄野生动物

拍摄野生动物离不开**长焦镜头**，只有使用长焦镜头，摄影师才可以在较远的距离进行拍摄，以避免被摄对象受到惊吓而逃走，或对拍摄者可能造成的伤害。

另外，使用长焦镜头拍摄，可以获得较好的背景虚化效果，从而突出被摄主体。

画面中豹子生动、自然的表情，是利用长焦镜头在没有惊扰到它的时候拍摄的，画面很真实

焦　　距：300mm
光　　圈：F6.3
快门速度：1/1000s
感 光 度：ISO800

Canon EOS 60D 超长焦镜头推荐

EF 70-300mm F4-5.6 IS USM

　　这是一款改良版镜头，源自 Canon 过去的 EF 75-300mm IS 镜头，但是焦距已有所改变，性能也有所提高，特别是镜头的对焦速度更加快速，镜身也更加轻便。整支镜头的功能和质量都不错，是实用性很高的镜头。装在 Canon EOS 60D 上使用，其等效焦变成了 112~480mm，很适合拍摄远景。

　　虽然这款镜头不是佳能的顶级 L 镜头，画质也未必是最好的，但是由于其重量只有 630g，以及 70~300mm 的焦距、1.5m 的最近对焦距离，加上此镜头使用了 10 组 15 片镜片（包括 UD）镜片，提升了影像画质，而且具备 IS 防抖功能，分为 Mode 1 和 Mode 2 两级，适合不同的拍摄场合，因此该款镜头还是很受佳能用户喜爱的。

镜片结构	13组16片
光圈叶片数	8
最大光圈	F4~F5.6
最小光圈	F22~F32
最近对焦距离（cm）	120
最大放大倍率（mm）	0.21
滤镜尺寸（mm）	67
规格（mm）	172×76
重量（g）	705
等效焦距（mm）	112~480

使用人工智能伺服自动对焦抓拍玩耍中的动物

为了将运动中的动物清晰地抓拍下来，在拍摄过程中建议使用人工智能伺服自动对焦模式，使用这种对焦方式，摄影师可以跟随跑动中的动物随时进行对焦，从而将动物清晰地定格下来。

↖ 利用人工智能伺服自动对焦模式将两只奔跑的小狗清晰地定格在画面中

焦　　距：200mm
光　　圈：F6.3
快门速度：1/1600s
感 光 度：ISO100

使用高速连拍功能拍摄宠物提高成功率

宠物一般不会像人一样有意识地配合摄影师的拍摄活动，其可爱、有趣的表情随时都可能出现。一旦发现这些可爱的宠物做出不同寻常或是非常有趣的表情和动作，要抓紧时间拍摄，建议使用连拍模式避免遗漏精彩的瞬间。

如果想拍到猫咪有趣的表情，可使用高速连拍模式，将其不同的表情快速记录下来

用小物件吸引宠物的注意力

在拍摄宠物时，经常使用小道具来调动宠物的情绪，既可丰富画面构成，又能够增加画面情趣。

把某些看起来很可爱的道具放在宠物头部、身上，或者让宠物钻进一个篮子里等，都会使拍出的照片更加生动有趣。

家里常用的物件都可以成为很好的道具，如毛线团、毛绒玩具，甚至是一卷手纸都能够在拍摄中派上大用场。

摄影师利用玩具对小猫具有吸引力这一因素，捕捉到了猫咪很专注地抓着玩具的表情，画面生动有趣

焦　　距：135mm
光　　圈：F5.6
快门速度：1/1600s
感 光 度：ISO800

鸟类摄影实战攻略

使用连拍模式拍摄飞鸟

在拍摄飞鸟时，将相机设定为连拍模式，可避免错过最佳拍摄时机。鸟类在飞行过程中，姿态会不断发生变化，几乎每一次改变都可以成为一次拍摄机会，要想尽可能多地抓住机会，应该用**高速连拍**功能来连续拍摄鸟类姿态变化的画面，然后从中挑选出最为满意的照片。

按下<DRIVE>按钮并旋转主拨盘 🖾 或者速控拨盘 ◎，可选择不同的驱动模式

在拍摄动静不定的鸟儿时，为了得到清晰的画面，常用到连拍模式。鸟儿的警觉性很高，一点儿动静便会引起它们的注意，因此抓拍难度相对较大，使用高速连拍功能进行抓取可捕捉到较为理想的画面

使用超长焦镜头拍摄飞鸟

一般来说，因为鸟儿特别容易受惊扰，因此拍摄时不能太靠近，我们只能使用长焦镜头在远处进行拍摄。在拍摄高空中的飞鸟时，一般至少要用300mm 的长焦镜头，而要拍摄特写的话，600mm 超长焦镜头是最好的选择。

➤ 摄影师通过超长焦镜头抓拍到猫头鹰起飞的精彩瞬间，虚化的背景使其在画面中显得很突出，画面简洁、明了

焦　　距：600mm
光　　圈：F6.3
快门速度：1/2000s
感 光 度：ISO800

巧用水面拍摄水鸟表现形式美

拍摄水鸟时，常以俯视的角度以水面为背景进行拍摄，这样既能突出主体，又可以交代拍摄环境。拍摄时可将水面上被水鸟划出的一道道涟漪也纳入画面，这样可使画面看起来极具动感。如果水面有较强的反光，可以使用偏振镜消除反光。

焦　　距：300mm
光　　圈：F11
快门速度：1/1000s
感 光 度：ISO400

蓝色的水面倒映着缓缓游弋的白色水鸟，画面看起来色调明朗，将其划出的层层波纹也纳入画面，可使画面看起来很有动感

选择合适的测光模式拍摄鸟儿

在拍摄鸟儿时，如果想在画面中完美体现其羽毛细腻、柔亮的质感，可采用点测光模式进行测光拍摄。

在测光时，测光点一般要置于被摄主体之上，需要注意的是，测光点不能选在被摄对象过亮或者过暗区域，否则将会导致画面过曝或欠曝。

如果拍摄的场景光线均匀，可以选择评价测光模式；如果场景的光线相对复杂，但要拍摄的鸟儿位于画面中间位置，可以考虑采用中央重点平均测光模式。

➤ 拍摄深调水面中的白色水鸟时，由于明暗反差较大，需要使用点测光模式测光，以得到曝光合适的画面

焦　　距：	200mm
光　　圈：	F10
快门速度：	1/1000s
感 光 度：	ISO400

在光照均匀、主体居中的情况下，摄影师采用中央重点平均测光模式对运动中的飞鸟进行测光，得到色调艳丽、主体突出的画面

焦　　距：	700mm
光　　圈：	F5.7
快门速度：	1/2500s
感 光 度：	ISO250

拍摄飞鸟时应在运动方向留出适当空间

跟随拍摄飞鸟时，通常需要在鸟儿运动方向留出适当的空间。一方面，可获得符合美学观念的构图样式，降低跟随拍摄的难度，增加拍摄的成功率；另一方面，能为后期裁切出多种构图样式留有更大的余地。

焦　　距：300mm
光　　圈：F6.3
快门速度：1/2500s
感光度：ISO400

在画面的上方和前方为即将起飞的鸟儿留出运动的空间，而且飞鸟的去向也会给人留下悬念，画面富有韵味

以特写表现禽鸟最美的局部

天鹅的曲颈、孔雀的尾翼、飞鹰的硬喙、猫头鹰的眼睛，不同的鸟类有不同的看点，如果在拍摄时由于客观原因无法突出优美环境中禽鸟的整体，则可以考虑用长焦或超长焦镜头，并以特写的景别重点表现它们最有特点的地方。拍摄时应该将画面的视觉中心点放在禽鸟的眼睛上，这样的照片能给观者留下十分深刻的印象。

→ 通过这张禽鸟羽毛的特写，清晰地呈现出了羽毛的层次和细节美

焦　　距：200mm
光　　圈：F6.3
快门速度：1/800s
感光度：ISO200

以散点构图表现成群的鸟儿

散点式构图是拍摄群体性出现的动物时常用的构图手法，使用这种构图方法拍摄的画面中可以体现较多的被摄对象，但在构图时需要注意鸟儿排列应该疏密相间、杂而不乱。

采用散点式构图时，可以选择仰视或俯视的角度并配合小光圈来拍摄，这样所有被摄鸟儿都能得到清晰呈现，不会出现半实半虚的情况。但如果希望被摄鸟儿有主次的区别，则可以通过使用长焦或相对较大光圈来虚化处于背景上的被摄对象。

以蓝天为背景的画面中，白色飞鸟成为精彩的点缀，大小不一、虚实相间，画面立刻变得趣味无穷，而这正是散点构图法的妙用

焦　　距：350mm
光　　圈：F13
快门速度：1/2000s
感 光 度：ISO200

生态自然摄影误区

　　本章所讲述的昆虫、动物、鸟类等拍摄题材，相比本书前两章所讲述的风光与人像题材，其拍摄难度更大，因为这些被摄对象往往动静难测，而在匆忙之中按下快门进行拍摄，则难免会导致出现这样或那样的失误，下面通过 4 个实例来介绍摄友常犯的错误，希望读者可以举一反三。

拍摄误区之一——拍摄花卉颜色不艳、主次不清

　　在现实生活中，赏花的要点是形、色、香，而拍摄漂亮的花卉照片的基本要求是形鲜、色艳。

　　因此，在拍摄花卉照片时，必须要保证画面中的花朵与环境能够明显地区别开来。花朵的色彩不仅要与环境的颜色形成有效对比，整个画面还必须要有主次，使观者能够从画面中找到要欣赏的重点。

拍摄误区之二——拍摄昆虫景深太小或太大

　　拍摄昆虫时景深过大或过小都不可取，过小的景深使昆虫的清晰部分过小，这通常是由于拍摄时使用了专业的微距镜头或近摄镜、近摄接圈，而同时使用了过大的光圈导致的；如果景深过大，照片的欣赏效果同样会大打折扣，这通常是由于没有使用闪光灯，或者在光线充足的拍摄环境中使用了较小的光圈造成的。

拍摄误区之三——拍摄动物没有活力

人们常用"龙精虎猛"、"龙马精神"来形容一个人很有活力和朝气，由此不难看出，充满生机与活力的动物更容易吸引观者的目光。在拍摄动物作品时，最忌讳的就是照片中的动物显得困顿、萎靡，没有活力。其原因可能是动物本身的状态有问题，也有可能是拍摄时没有找到合适的角度，或拍摄的动物眼睛没有眼神光。

拍摄误区之四——拍摄飞鸟主体模糊

好照片的一个重要标准就是主体清晰，对于拍摄飞鸟也不例外，虽然有时适当的模糊能够使飞鸟看上去动感更强，但这种模糊效果也是轻微的，而且仅限于鸟的局部。

造成照片中鸟的主体模糊，可能有如下两个原因：一是快门速度太慢，导致相机无法清晰定格精彩瞬间；另一个原因是鸟的身体颜色与环境颜色过于相近，导致画面中鸟的形体与环境相混淆。